한솔 완벽한

연산

수학은 마라톤입니다.
지금 여러분은 출발 지점에 서 있습니다.
초등학교 저학년 때는
수학 마라톤을 잘 하기 위해
기초 체력을 튼튼히 길러야 합니다.

한솔 완벽한 연산으로 시작하세요.
마라톤을 잘 뛸 수 있는 완벽한 연산 실력을 키워줍니다.

왜 완벽한 연산인가요?

기초 연산은 물론, 학교 연산까지 이 책 시리즈 하나면 완벽하게 끝나기 때문입니다. '한솔 완벽한 연산'은 하루 8쪽씩, 5일 동안 4주분을 학습하고, 마지막 주에는 학교 시험에 완벽하게 대비할 수 있도록 '연산 UP' 16쪽을 추가로 제공합니다. 매일 꾸준한 연습으로 연산 실력을 키우기에 충분한 학습량입니다. '한솔 완벽한 연산' 하나면 기초 연산도 학교 연산도 완벽하게 대비할 수 있습니다.

 몇 단계로 구성되고, 몇 학년이 풀 수 있나요?

모두 6단계로 구성되어 있습니다. '한솔 완벽한 연산'은 한 단계가 1개 학년이 아닙니다. 연산의 기초 훈련이 가장 필요한 시기인 초등 2~3학년에 집중하여 여러 단계로 구성하였습니다. 이 시기에는 수학의 기초 체력을 튼튼히 길러야 하니까요.

단계	권장 학년	학습 내용
MA	6~7세	100까지의 수, 더하기와 빼기
MB	초등 1~2학년	한 자리 수의 덧셈, 두 자리 수의 덧셈
MC	초등 1~2학년	두 자리 수의 덧셈과 뺄셈
MD	초등 2~3학년	두·세 자리 수의 덧셈과 뺄셈
ME	초등 2~3학년	곱셈구구, (두·세 자리 수)×(한 자리 수), (두·세 자리 수)÷(한 자리 수)
MF	초등 3~4학년	(두·세 자리 수)×(두 자리 수), (두·세 자리 수)÷(두 자리 수), 분수·소수의 덧셈과 뺄셈

책 한 권은 어떻게 구성되어 있나요?

✎ 책 한 권은 모두 4주 학습으로 구성되어 있습니다.
한 주는 모두 40쪽으로 하루에 8쪽씩, 5일 동안 푸는 것을 권장합니다.
마지막 5주차에는 학교 시험에 대비할 수 있는 '연산 UP'을 학습합니다.

'한솔 완벽한 연산'도 매일매일 풀어야 하나요?

✎ 물론입니다. 매일매일 규칙적으로 연습을 해야 연산 능력이 향상되기 때문입니다.
월요일부터 금요일까지 매일 8쪽씩, 4주 동안 규칙적으로 풀고, 마지막 주에
'연산 UP' 16쪽을 다 풀면 한 권 학습이 끝납니다.
매일매일 푸는 습관이 잡히면 개인 진도에 따라 두 달에 3권을 푸는 것도 가능
합니다.

하루 8쪽씩이라구요? 너무 많은 양 아닌가요?

✎ '한솔 완벽한 연산'은 술술 풀면서 잘 넘어가는 학습지입니다.
공부하는 학생 입장에서는 빡빡한 문제를 4쪽 푸는 것보다 술술 넘어가는 문제를
8쪽 푸는 것이 훨씬 큰 성취감을 느낄 수 있습니다.
'한솔 완벽한 연산'은 학생의 연령을 고려해 쪽당 학습량을 전략적으로 구성했습니
다. 그래서 학생이 부담을 덜 느끼면서 효과적으로 학습할 수 있습니다.

학교 진도와 맞추려면 어떻게 공부해야 하나요?

 이 책은 한 권을 한 달 동안 푸는 것을 권장합니다.
각 단계별 학교 진도는 다음과 같습니다.

단계	MA	MB	MC	MD	ME	MF
권 수	8권	5권	7권	7권	7권	7권
학교 진도	초등 이전	초등 1학년	초등 2학년	초등 3학년	초등 3학년	초등 4학년

초등학교 1학년이 3월에 MB 단계부터 매달 1권씩 꾸준히 푼다고 한다면 2학년
이 시작될 때 MD 단계를 풀게 되고, 3학년 때 MF 단계(4학년 과정)까지 마무
리할 수 있습니다.

이 책 시리즈로 꼼꼼히 학습하게 되면 일반 방문학습지 못지 않게 충분한 연
산 실력을 쌓게 되고 조금씩 다음 학년 진도까지 학습할 수 있다는 장점이 있
습니다.

매일 꾸준히 성실하게 학습한다면 학년 구분 없이 원하는 진도를 스스로 계획하
고 진행해 나갈 수 있습니다.

'연산 UP'은 어떻게 공부해야 하나요?

 '연산 UP'은 4주 동안 훈련한 연산 능력을 확인하는 과정이자 학교에서 흔히
접하는 계산 유형 문제까지 접할 수 있는 코너입니다.
'연산 UP'의 구성은 다음과 같습니다.

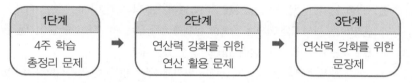

'연산 UP'은 모두 16쪽으로 구성되었으므로 하루 8쪽씩 2일 동안 학습하고, 다
음 단계로 진행할 것을 권장합니다.

학습 구성

MA 6~7세

권	제목	주차별 학습 내용	
1	20까지의 수 1	1주	5까지의 수 (1)
		2주	5까지의 수 (2)
		3주	5까지의 수 (3)
		4주	10까지의 수
2	20까지의 수 2	1주	10까지의 수 (1)
		2주	10까지의 수 (2)
		3주	20까지의 수 (1)
		4주	20까지의 수 (2)
3	20까지의 수 3	1주	20까지의 수 (1)
		2주	20까지의 수 (2)
		3주	20까지의 수 (3)
		4주	20까지의 수 (4)
4	50까지의 수	1주	50까지의 수 (1)
		2주	50까지의 수 (2)
		3주	50까지의 수 (3)
		4주	50까지의 수 (4)
5	1000까지의 수	1주	100까지의 수 (1)
		2주	100까지의 수 (2)
		3주	100까지의 수 (3)
		4주	1000까지의 수
6	수 가르기와 모으기	1주	수 가르기 (1)
		2주	수 가르기 (2)
		3주	수 모으기 (1)
		4주	수 모으기 (2)
7	덧셈의 기초	1주	상황 속 덧셈
		2주	더하기 1
		3주	더하기 2
		4주	더하기 3
8	뺄셈의 기초	1주	상황 속 뺄셈
		2주	빼기 1
		3주	빼기 2
		4주	빼기 3

MB 초등 1 · 2학년 ①

권	제목	주차별 학습 내용	
1	덧셈 1	1주	받아올림이 없는 (한 자리 수)+(한 자리 수) (1)
		2주	받아올림이 없는 (한 자리 수)+(한 자리 수) (2)
		3주	받아올림이 없는 (한 자리 수)+(한 자리 수) (3)
		4주	받아올림이 없는 (두 자리 수)+(한 자리 수)
2	덧셈 2	1주	받아올림이 없는 (두 자리 수)+(한 자리 수)
		2주	받아올림이 있는 (한 자리 수)+(한 자리 수) (1)
		3주	받아올림이 있는 (한 자리 수)+(한 자리 수) (2)
		4주	받아올림이 있는 (한 자리 수)+(한 자리 수) (3)
3	뺄셈 1	1주	(한 자리 수)−(한 자리 수) (1)
		2주	(한 자리 수)−(한 자리 수) (2)
		3주	(한 자리 수)−(한 자리 수) (3)
		4주	받아내림이 없는 (두 자리 수)−(한 자리 수)
4	뺄셈 2	1주	받아내림이 없는 (두 자리 수)−(한 자리 수)
		2주	받아내림이 있는 (두 자리 수)−(한 자리 수) (1)
		3주	받아내림이 있는 (두 자리 수)−(한 자리 수) (2)
		4주	받아내림이 있는 (두 자리 수)−(한 자리 수) (3)
5	덧셈과 뺄셈의 완성	1주	(한 자리 수)+(한 자리 수), (한 자리 수)+(한 자리 수)
		2주	세 수의 덧셈, 세 수의 뺄셈 (1)
		3주	(한 자리 수)+(한 자리 수), (두 자리 수)−(한 자리 수)
		4주	세 수의 덧셈, 세 수의 뺄셈 (2)

초등 1 · 2학년 ②

권	제목	주차별 학습 내용	
1	두 자리 수의 덧셈 1	1주	받아올림이 없는 (두 자리 수)+(한 자리 수)
		2주	몇십 만들기
		3주	받아올림이 있는 (두 자리 수)+(한 자리 수) (1)
		4주	받아올림이 있는 (두 자리 수)+(한 자리 수) (2)
2	두 자리 수의 덧셈 2	1주	받아올림이 없는 (두 자리 수)+(두 자리 수) (1)
		2주	받아올림이 없는 (두 자리 수)+(두 자리 수) (2)
		3주	받아올림이 없는 (두 자리 수)+(두 자리 수) (3)
		4주	받아올림이 없는 (두 자리 수)+(두 자리 수) (4)
3	두 자리 수의 덧셈 3	1주	받아올림이 있는 (두 자리 수)+(두 자리 수) (1)
		2주	받아올림이 있는 (두 자리 수)+(두 자리 수) (2)
		3주	받아올림이 있는 (두 자리 수)+(두 자리 수) (3)
		4주	받아올림이 있는 (두 자리 수)+(두 자리 수) (4)
4	두 자리 수의 뺄셈 1	1주	받아내림이 없는 (두 자리 수)−(한 자리 수)
		2주	몇십에서 빼기
		3주	받아내림이 있는 (두 자리 수)−(한 자리 수) (1)
		4주	받아내림이 있는 (두 자리 수)−(한 자리 수) (2)
5	두 자리 수의 뺄셈 2	1주	받아내림이 없는 (두 자리 수)−(두 자리 수) (1)
		2주	받아내림이 없는 (두 자리 수)−(두 자리 수) (2)
		3주	받아내림이 없는 (두 자리 수)−(두 자리 수) (3)
		4주	받아내림이 없는 (두 자리 수)−(두 자리 수) (4)
6	두 자리 수의 뺄셈 3	1주	받아내림이 있는 (두 자리 수)−(두 자리 수) (1)
		2주	받아내림이 있는 (두 자리 수)−(두 자리 수) (2)
		3주	받아내림이 있는 (두 자리 수)−(두 자리 수) (3)
		4주	받아내림이 있는 (두 자리 수)−(두 자리 수) (4)
7	덧셈과 뺄셈의 완성	1주	세 수의 덧셈
		2주	세 수의 뺄셈
		3주	(두 자리 수)+(한 자리 수), (두 자리 수)−(한 자리 수) 종합
		4주	(두 자리 수)+(두 자리 수), (두 자리 수)−(두 자리 수) 종합

 초등 2 · 3학년 ①

권	제목	주차별 학습 내용	
1	두 자리 수의 덧셈	1주	받아올림이 있는 (두 자리 수)+(두 자리 수) (1)
		2주	받아올림이 있는 (두 자리 수)+(두 자리 수) (2)
		3주	받아올림이 있는 (두 자리 수)+(두 자리 수) (3)
		4주	받아올림이 있는 (두 자리 수)+(두 자리 수) (4)
2	세 자리 수의 덧셈 1	1주	받아올림이 없는 (세 자리 수)+(두 자리 수)
		2주	받아올림이 있는 (세 자리 수)+(두 자리 수) (1)
		3주	받아올림이 있는 (세 자리 수)+(두 자리 수) (2)
		4주	받아올림이 있는 (세 자리 수)+(두 자리 수) (3)
3	세 자리 수의 덧셈 2	1주	받아올림이 있는 (세 자리 수)+(세 자리 수) (1)
		2주	받아올림이 있는 (세 자리 수)+(세 자리 수) (2)
		3주	받아올림이 있는 (세 자리 수)+(세 자리 수) (3)
		4주	받아올림이 있는 (세 자리 수)+(세 자리 수) (4)
4	두·세 자리 수의 뺄셈	1주	받아내림이 있는 (두 자리 수)−(두 자리 수) (1)
		2주	받아내림이 있는 (두 자리 수)−(두 자리 수) (2)
		3주	받아내림이 있는 (두 자리 수)−(두 자리 수) (3)
		4주	받아내림이 없는 (세 자리 수)−(두 자리 수)
5	세 자리 수의 뺄셈 1	1주	받아내림이 있는 (세 자리 수)−(두 자리 수) (1)
		2주	받아내림이 있는 (세 자리 수)−(두 자리 수) (2)
		3주	받아내림이 있는 (세 자리 수)−(두 자리 수) (3)
		4주	받아내림이 있는 (세 자리 수)−(두 자리 수) (4)
6	세 자리 수의 뺄셈 2	1주	받아내림이 있는 (세 자리 수)−(세 자리 수) (1)
		2주	받아내림이 있는 (세 자리 수)−(세 자리 수) (2)
		3주	받아내림이 있는 (세 자리 수)−(세 자리 수) (3)
		4주	받아내림이 있는 (세 자리 수)−(세 자리 수)
7	덧셈과 뺄셈의 완성	1주	덧셈의 완성 (1)
		2주	덧셈의 완성 (2)
		3주	뺄셈의 완성 (1)
		4주	뺄셈의 완성 (2)

초등 2 · 3학년 ②

권	제목		주차별 학습 내용
1	곱셈구구	1주	곱셈구구 (1)
		2주	곱셈구구 (2)
		3주	곱셈구구 (3)
		4주	곱셈구구 (4)
2	(두 자리 수)×(한 자리 수) 1	1주	곱셈구구 종합
		2주	(두 자리 수)×(한 자리 수) (1)
		3주	(두 자리 수)×(한 자리 수) (2)
		4주	(두 자리 수)×(한 자리 수) (3)
3	(두 자리 수)×(한 자리 수) 2	1주	(두 자리 수)×(한 자리 수) (1)
		2주	(두 자리 수)×(한 자리 수) (2)
		3주	(두 자리 수)×(한 자리 수) (3)
		4주	(두 자리 수)×(한 자리 수) (4)
4	(세 자리 수)×(한 자리 수)	1주	(세 자리 수)×(한 자리 수) (1)
		2주	(세 자리 수)×(한 자리 수) (2)
		3주	(세 자리 수)×(한 자리 수) (3)
		4주	곱셈 종합
5	(두 자리 수)÷(한 자리 수) 1	1주	나눗셈의 기초 (1)
		2주	나눗셈의 기초 (2)
		3주	나눗셈의 기초 (3)
		4주	(두 자리 수)÷(한 자리 수)
6	(두 자리 수)÷(한 자리 수) 2	1주	(두 자리 수)÷(한 자리 수) (1)
		2주	(두 자리 수)÷(한 자리 수) (2)
		3주	(두 자리 수)÷(한 자리 수) (3)
		4주	(두 자리 수)÷(한 자리 수) (4)
7	(두·세 자리 수)÷(한 자리 수)	1주	(두 자리 수)÷(한 자리 수) (1)
		2주	(두 자리 수)÷(한 자리 수) (2)
		3주	(세 자리 수)÷(한 자리 수) (1)
		4주	(세 자리 수)÷(한 자리 수) (2)

 초등 3 · 4학년

권	제목		주차별 학습 내용
1	(두 자리 수)×(두 자리 수)	1주	(두 자리 수)×(한 자리 수)
		2주	(두 자리 수)×(두 자리 수) (1)
		3주	(두 자리 수)×(두 자리 수) (2)
		4주	(두 자리 수)×(두 자리 수) (3)
2	(두·세 자리 수)×(두 자리 수)	1주	(두 자리 수)×(두 자리 수)
		2주	(세 자리 수)×(두 자리 수) (1)
		3주	(세 자리 수)×(두 자리 수) (2)
		4주	곱셈의 완성
3	(두 자리 수)÷(두 자리 수)	1주	(두 자리 수)÷(두 자리 수) (1)
		2주	(두 자리 수)÷(두 자리 수) (2)
		3주	(두 자리 수)÷(두 자리 수) (3)
		4주	(두 자리 수)÷(두 자리 수) (4)
4	(세 자리 수)÷(두 자리 수)	1주	(세 자리 수)÷(두 자리 수) (1)
		2주	(세 자리 수)÷(두 자리 수) (2)
		3주	(세 자리 수)÷(두 자리 수) (3)
		4주	나눗셈의 완성
5	혼합 계산	1주	혼합 계산 (1)
		2주	혼합 계산 (2)
		3주	혼합 계산 (3)
		4주	곱셈과 나눗셈, 혼합 계산 총정리
6	분수의 덧셈과 뺄셈	1주	분수의 덧셈 (1)
		2주	분수의 덧셈 (2)
		3주	분수의 뺄셈 (1)
		4주	분수의 뺄셈 (2)
7	소수의 덧셈과 뺄셈	1주	분수의 덧셈과 뺄셈
		2주	소수의 기초, 소수의 덧셈과 뺄셈 (1)
		3주	소수의 덧셈과 뺄셈 (2)
		4주	소수의 덧셈과 뺄셈 (3)

주별 학습 내용　MB단계 ❷권

받아올림이 없는
(두 자리 수)+(한 자리 수)

1주차

요일	교재 번호	학습한 날짜		확인
1일차(월)	01~08	월	일	
2일차(화)	09~16	월	일	
3일차(수)	17~24	월	일	
4일차(목)	25~32	월	일	
5일차(금)	33~40	월	일	

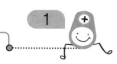

● 덧셈을 하세요.

(1) $11 + 1 = 12$

(2) $13 + 1 =$

(3) $15 + 1 =$

(4) $12 + 1 =$

(5) $14 + 1 =$

(6) $17 + 1 =$

(7) $16 + 1 =$

(8) $18 + 1 =$

(9) $11 + 2 =$

(10) $15 + 2 =$

(11) $12 + 2 =$

(12) $14 + 2 =$

(13) $16 + 2 =$

(14) $13 + 2 =$

(15) $17 + 2 =$

3

● 덧셈을 하세요.

(1) $10 + 1 =$

(2) $15 + 1 =$

(3) $17 + 1 =$

(4) $13 + 1 =$

(5) $12 + 2 =$

(6) $10 + 2 =$

(7) $14 + 2 =$

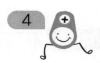

(8) $13 + 2 =$

(9) $11 + 2 =$

(10) $11 + 3 =$

(11) $15 + 3 =$

(12) $14 + 3 =$

(13) $12 + 3 =$

(14) $16 + 3 =$

(15) $13 + 3 =$

5

● 덧셈을 하세요.

(1) $14 + 2 =$

(2) $17 + 2 =$

(3) $16 + 2 =$

(4) $10 + 2 =$

(5) $15 + 3 =$

(6) $13 + 3 =$

(7) $10 + 3 =$

(8) $16 + 3 =$

(9) $14 + 3 =$

(10) $12 + 3 =$

(11) $12 + 4 =$

(12) $13 + 4 =$

(13) $11 + 4 =$

(14) $14 + 4 =$

(15) $15 + 4 =$

MB01 받아올림이 없는 (두 자리 수)+(한 자리 수)

● 덧셈을 하세요.

(1) $13 + 3 =$

(2) $10 + 4 =$

(3) $13 + 5 =$

(4) $11 + 5 =$

(5) $10 + 5 =$

(6) $12 + 5 =$

(7) $14 + 5 =$

(8) $10 + 6 =$

(9) $13 + 6 =$

(10) $11 + 6 =$

(11) $12 + 6 =$

(12) $11 + 7 =$

(13) $12 + 7 =$

(14) $10 + 8 =$

(15) $11 + 8 =$

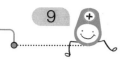

MB01 받아올림이 없는 (두 자리 수)+(한 자리 수)

● 덧셈을 하세요.

(1) $11 + 2 =$

(2) $11 + 8 =$

(3) $11 + 5 =$

(4) $11 + 3 =$

(5) $11 + 7 =$

(6) $11 + 4 =$

(7) $11 + 1 =$

(8) $11 + 6 =$

(9) $12 + 1 =$

(10) $12 + 6 =$

(11) $12 + 2 =$

(12) $12 + 4 =$

(13) $12 + 3 =$

(14) $12 + 7 =$

(15) $12 + 5 =$

MB01 받아올림이 없는 (두 자리 수)+(한 자리 수)

● 덧셈을 하세요.

(1) $11 + 4 =$

(2) $11 + 2 =$

(3) $11 + 5 =$

(4) $11 + 3 =$

(5) $12 + 4 =$

(6) $12 + 1 =$

(7) $12 + 7 =$

(8) $12 + 6 =$

(9) $12 + 3 =$

(10) $13 + 3 =$

(11) $13 + 5 =$

(12) $13 + 0 =$

(13) $13 + 1 =$

(14) $13 + 6 =$

(15) $13 + 2 =$

MB01 받아올림이 없는 (두 자리 수)+(한 자리 수)

● 덧셈을 하세요.

(1) $12 + 0 =$

(2) $12 + 5 =$

(3) $12 + 4 =$

(4) $12 + 2 =$

(5) $13 + 4 =$

(6) $13 + 2 =$

(7) $13 + 5 =$

(8) $13 + 3 =$

(9) $13 + 1 =$

(10) $13 + 6 =$

(11) $14 + 5 =$

(12) $14 + 3 =$

(13) $14 + 0 =$

(14) $14 + 2 =$

(15) $14 + 4 =$

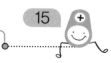

MB01 받아올림이 없는 (두 자리 수)+(한 자리 수)

● 덧셈을 하세요.

(1) $13 + 2 =$

(2) $14 + 1 =$

(3) $15 + 3 =$

(4) $15 + 1 =$

(5) $15 + 0 =$

(6) $15 + 2 =$

(7) $15 + 4 =$

(8) $16 + 1 =$

(9) $16 + 2 =$

(10) $16 + 0 =$

(11) $16 + 3 =$

(12) $17 + 1 =$

(13) $17 + 2 =$

(14) $18 + 0 =$

(15) $18 + 1 =$

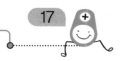

MB01 받아올림이 없는 (두 자리 수)+(한 자리 수)

● 덧셈을 하세요.

(1) $11 + 1 =$

(2) $15 + 1 =$

(3) $13 + 1 =$

(4) $16 + 1 =$

(5) $12 + 1 =$

(6) $12 + 2 =$

(7) $14 + 2 =$

(8) $16 + 2 =$

(9) $17 + 2 =$

(10) $11 + 2 =$

(11) $13 + 3 =$

(12) $12 + 3 =$

(13) $10 + 3 =$

(14) $15 + 3 =$

(15) $16 + 3 =$

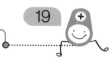

MB01 받아올림이 없는 (두 자리 수)+(한 자리 수)

● 덧셈을 하세요.

(1) $11 + 4 =$

(2) $14 + 4 =$

(3) $15 + 4 =$

(4) $13 + 4 =$

(5) $11 + 5 =$

(6) $10 + 5 =$

(7) $14 + 5 =$

(8) $13 + 5 =$

(9) $11 + 6 =$

(10) $13 + 6 =$

(11) $12 + 6 =$

(12) $10 + 6 =$

(13) $11 + 7 =$

(14) $10 + 7 =$

(15) $12 + 7 =$

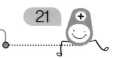

MB01 받아올림이 없는 (두 자리 수)+(한 자리 수)

● 덧셈을 하세요.

(1) $11 + 2 =$

(2) $11 + 8 =$

(3) $11 + 3 =$

(4) $11 + 0 =$

(5) $11 + 4 =$

(6) $12 + 5 =$

(7) $12 + 3 =$

(8) $12 + 2 =$

(9) $12 + 6 =$

(10) $12 + 1 =$

(11) $13 + 3 =$

(12) $13 + 4 =$

(13) $13 + 6 =$

(14) $13 + 2 =$

(15) $13 + 5 =$

MB01 받아올림이 없는 (두 자리 수)+(한 자리 수)

● 덧셈을 하세요.

(1) $14 + 2 =$

(2) $14 + 4 =$

(3) $14 + 3 =$

(4) $14 + 1 =$

(5) $15 + 2 =$

(6) $15 + 4 =$

(7) $15 + 3 =$

(8) $15 + 1 =$

(9) $16 + 0 =$

(10) $16 + 3 =$

(11) $16 + 2 =$

(12) $16 + 1 =$

(13) $17 + 0 =$

(14) $17 + 1 =$

(15) $17 + 2 =$

MB01 받아올림이 없는 (두 자리 수)+(한 자리 수)

● 덧셈을 하세요.

(1) $10 + 2 =$

(2) $10 + 6 =$

(3) $10 + 9 =$

(4) $11 + 3 =$

(5) $11 + 5 =$

(6) $12 + 1 =$

(7) $12 + 7 =$

(8) $13 + 2 =$

(9) $13 + 6 =$

(10) $14 + 1 =$

(11) $14 + 5 =$

(12) $15 + 2 =$

(13) $15 + 4 =$

(14) $16 + 1 =$

(15) $16 + 3 =$

MB01 받아올림이 없는 (두 자리 수)+(한 자리 수)

● 덧셈을 하세요.

(1) $10 + 5 =$

(2) $11 + 4 =$

(3) $12 + 5 =$

(4) $13 + 4 =$

(5) $11 + 6 =$

(6) $12 + 7 =$

(7) $14 + 3 =$

(8) $12 + 4 =$

(9) $13 + 5 =$

(10) $11 + 7 =$

(11) $14 + 2 =$

(12) $12 + 6 =$

(13) $10 + 9 =$

(14) $13 + 3 =$

(15) $14 + 5 =$

● 덧셈을 하세요.

(1) $12 + 7 =$

(2) $11 + 6 =$

(3) $15 + 2 =$

(4) $13 + 4 =$

(5) $14 + 1 =$

(6) $12 + 2 =$

(7) $15 + 3 =$

(8) $10 + 7 =$

(9) $11 + 8 =$

(10) $14 + 4 =$

(11) $12 + 3 =$

(12) $13 + 1 =$

(13) $14 + 2 =$

(14) $15 + 4 =$

(15) $16 + 3 =$

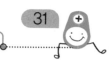

MB01 받아올림이 없는 (두 자리 수)+(한 자리 수)

● 덧셈을 하세요.

(1) $11 + 4 =$

(2) $12 + 2 =$

(3) $15 + 2 =$

(4) $14 + 3 =$

(5) $13 + 5 =$

(6) $17 + 1 =$

(7) $16 + 2 =$

(8) $12 + 1 =$

(9) $11 + 6 =$

(10) $14 + 5 =$

(11) $17 + 2 =$

(12) $15 + 4 =$

(13) $18 + 1 =$

(14) $16 + 3 =$

(15) $19 + 0 =$

MB01 받아올림이 없는 (두 자리 수)+(한 자리 수)

● 덧셈을 하세요.

(1) $10 + 2 =$

(2) $15 + 1 =$

(3) $11 + 5 =$

(4) $14 + 3 =$

(5) $12 + 4 =$

(6) $13 + 6 =$

(7) $16 + 1 =$

(8) $12 + 7 =$

(9) $16 + 2 =$

(10) $14 + 1 =$

(11) $13 + 3 =$

(12) $17 + 1 =$

(13) $15 + 3 =$

(14) $11 + 4 =$

(15) $10 + 8 =$

MB01 받아올림이 없는 (두 자리 수)+(한 자리 수)

● 덧셈을 하세요.

(1) $13 + 5 =$

(2) $14 + 4 =$

(3) $11 + 2 =$

(4) $16 + 3 =$

(5) $10 + 9 =$

(6) $15 + 4 =$

(7) $12 + 1 =$

(8) $11 + 4 =$

(9) $15 + 1 =$

(10) $13 + 2 =$

(11) $12 + 7 =$

(12) $10 + 5 =$

(13) $14 + 2 =$

(14) $17 + 2 =$

(15) $12 + 3 =$

MB01 받아올림이 없는 (두 자리 수)+(한 자리 수)

● 덧셈을 하세요.

(1) $14 + 3 =$

(2) $12 + 5 =$

(3) $10 + 3 =$

(4) $11 + 6 =$

(5) $15 + 2 =$

(6) $13 + 0 =$

(7) $16 + 1 =$

(8) $15 + 1 =$

(9) $11 + 7 =$

(10) $16 + 2 =$

(11) $13 + 4 =$

(12) $11 + 8 =$

(13) $14 + 5 =$

(14) $12 + 3 =$

(15) $18 + 1 =$

● 덧셈을 하세요.

(1) $12 + 1 =$

(2) $17 + 2 =$

(3) $16 + 1 =$

(4) $15 + 4 =$

(5) $13 + 5 =$

(6) $11 + 6 =$

(7) $10 + 7 =$

(8) $11 + 7 =$

(9) $12 + 5 =$

(10) $13 + 6 =$

(11) $14 + 4 =$

(12) $16 + 3 =$

(13) $15 + 2 =$

(14) $17 + 1 =$

(15) $19 + 0 =$

받아올림이 있는
(한 자리 수)+(한 자리 수) (1)

2주차

요일	교재 번호	학습한 날짜		확인
1일차(월)	01~08	월	일	
2일차(화)	09~16	월	일	
3일차(수)	17~24	월	일	
4일차(목)	25~32	월	일	
5일차(금)	33~40	월	일	

● 수직선을 보고, ☐ 안에 알맞은 수를 쓰세요.

(1)

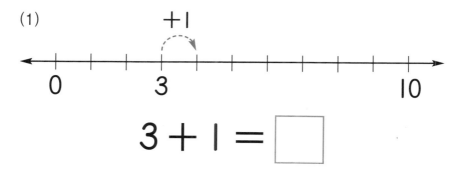

$$3 + 1 = \boxed{}$$

(2)

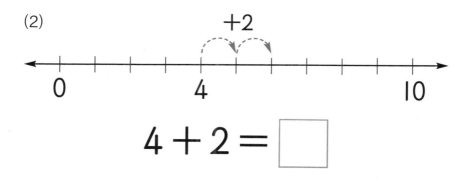

$$4 + 2 = \boxed{}$$

(3)

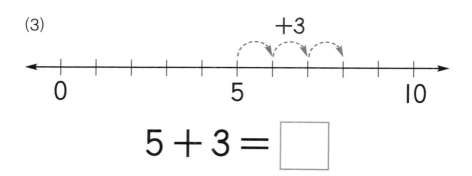

$$5 + 3 = \boxed{}$$

(4)

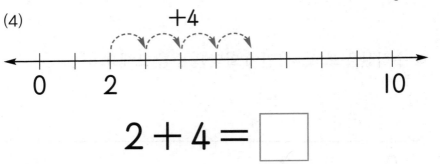

$$2 + 4 = \boxed{}$$

(5)

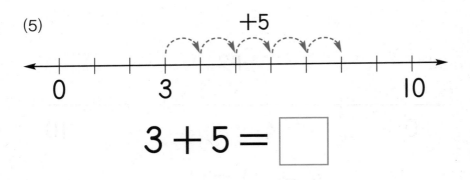

$$3 + 5 = \boxed{}$$

(6)

$$1 + 6 = \boxed{}$$

MB02 받아올림이 있는 (한 자리 수)＋(한 자리 수) (1)

● 수직선을 보고, ☐ 안에 알맞은 수를 쓰세요.

(1)

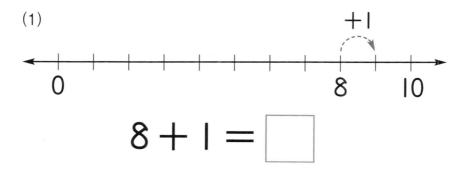

$$8 + 1 = \boxed{}$$

(2)

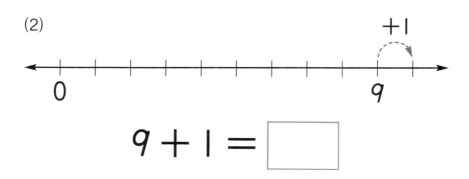

$$9 + 1 = \boxed{}$$

(3)

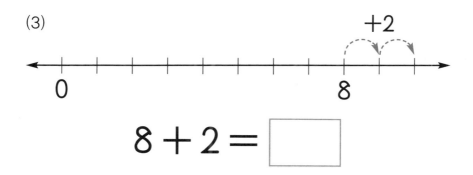

$$8 + 2 = \boxed{}$$

(4)

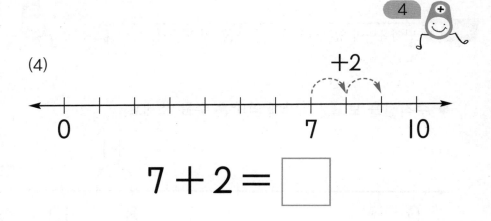

$$7 + 2 = \boxed{}$$

(5)

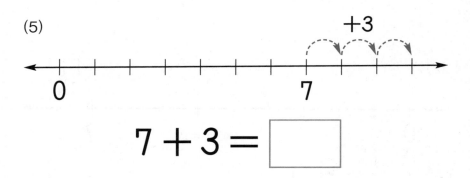

$$7 + 3 = \boxed{}$$

(6)

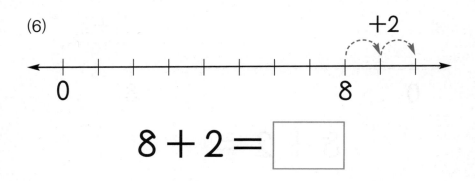

$$8 + 2 = \boxed{}$$

● 수직선을 보고, ☐ 안에 알맞은 수를 쓰세요.

(1)

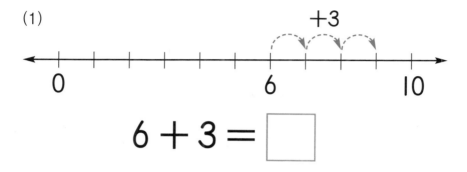

$$6 + 3 = \boxed{}$$

(2)

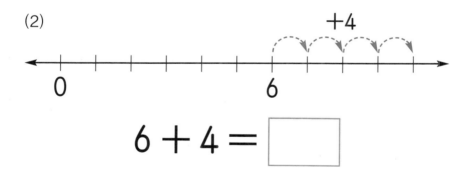

$$6 + 4 = \boxed{}$$

(3)

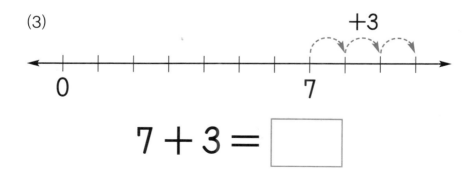

$$7 + 3 = \boxed{}$$

(4)

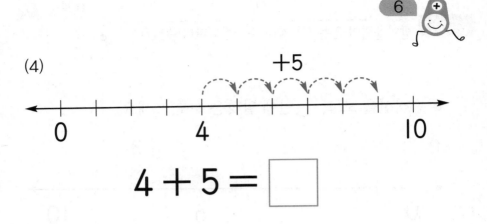

$$4 + 5 = \boxed{}$$

(5)

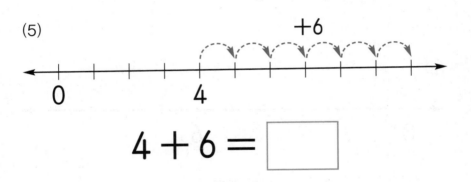

$$4 + 6 = \boxed{}$$

(6)

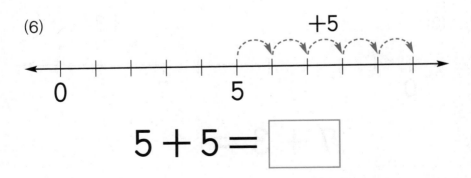

$$5 + 5 = \boxed{}$$

MB02 받아올림이 있는 (한 자리 수)+(한 자리 수) (1)

● 수직선을 보고, ☐ 안에 알맞은 수를 쓰세요.

(1)

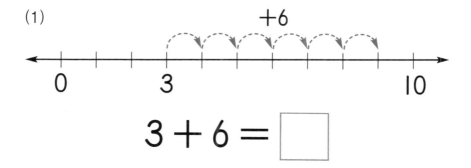

$$3 + 6 = \boxed{}$$

(2)

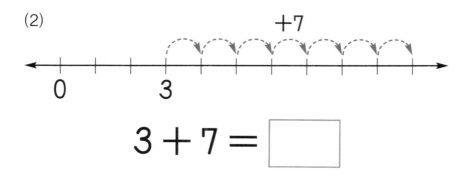

$$3 + 7 = \boxed{}$$

(3)

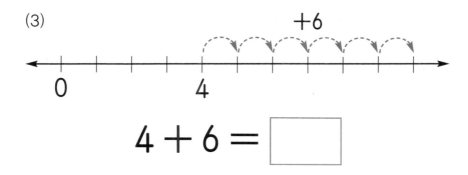

$$4 + 6 = \boxed{}$$

(4)

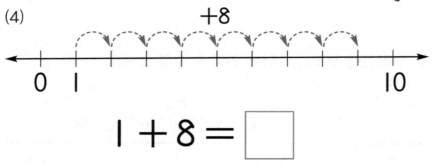

$$1 + 8 = \boxed{}$$

(5)

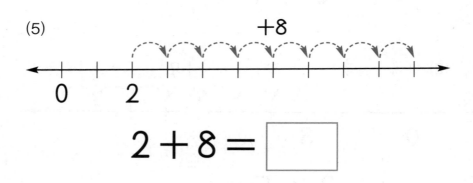

$$2 + 8 = \boxed{}$$

(6)

$$1 + 9 = \boxed{}$$

● 수직선을 보고, ☐ 안에 알맞은 수를 쓰세요.

(1)

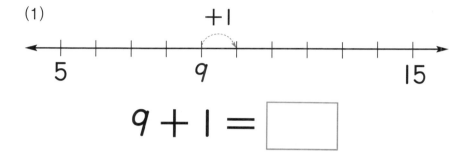

$$9 + 1 = \boxed{}$$

(2)

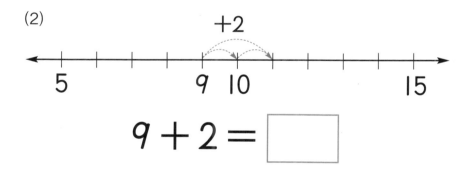

$$9 + 2 = \boxed{}$$

(3)

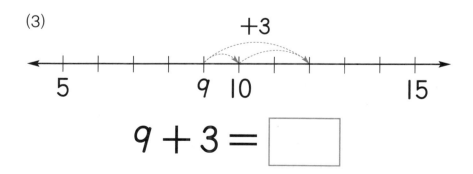

$$9 + 3 = \boxed{}$$

(4)

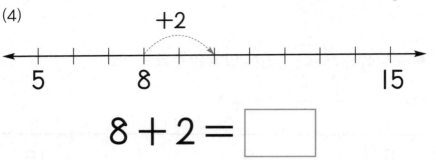

$$8 + 2 = \boxed{}$$

(5)

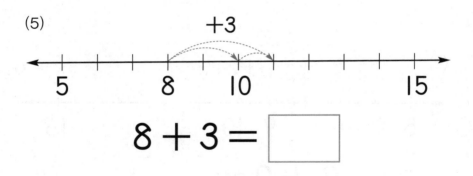

$$8 + 3 = \boxed{}$$

(6)

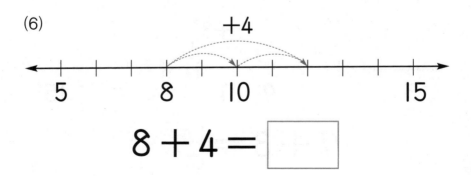

$$8 + 4 = \boxed{}$$

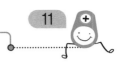

MB02 받아올림이 있는 (한 자리 수) + (한 자리 수) (1)

● 수직선을 보고, ☐ 안에 알맞은 수를 쓰세요.

(1)

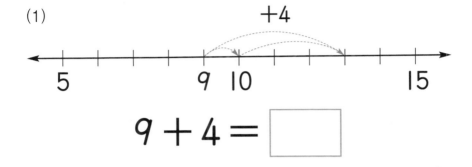

$$9 + 4 = \boxed{}$$

(2)

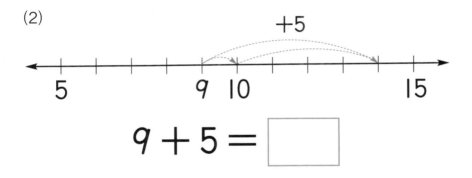

$$9 + 5 = \boxed{}$$

(3)

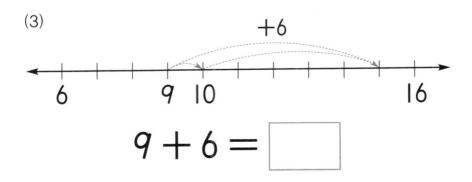

$$9 + 6 = \boxed{}$$

(4)
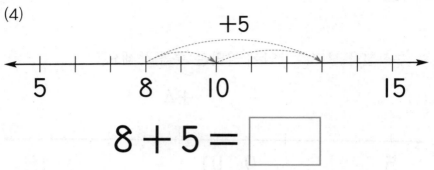

$$8 + 5 = \boxed{}$$

(5)
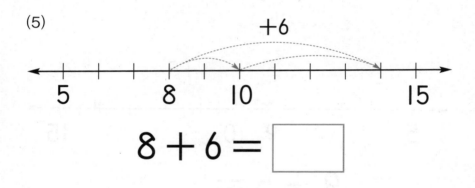

$$8 + 6 = \boxed{}$$

(6)
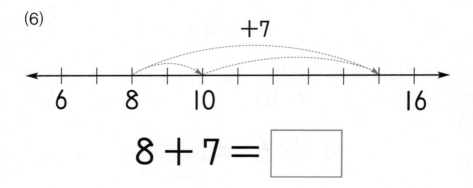

$$8 + 7 = \boxed{}$$

MB02 받아올림이 있는 (한 자리 수)+(한 자리 수) (1)

● 수직선을 보고, ☐ 안에 알맞은 수를 쓰세요.

(1)

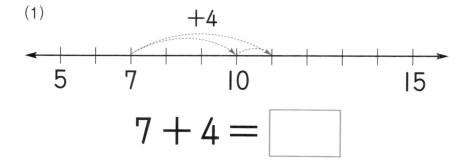

$$7 + 4 = \boxed{}$$

(2)

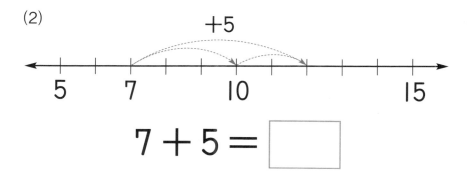

$$7 + 5 = \boxed{}$$

(3)

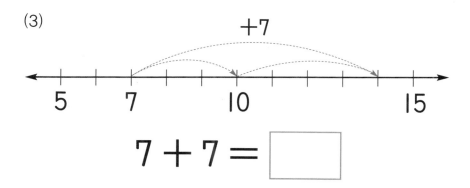

$$7 + 7 = \boxed{}$$

(4)

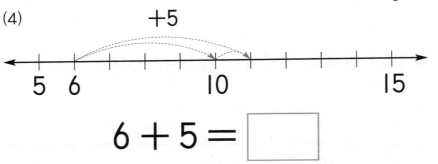

$$6 + 5 = \boxed{}$$

(5)

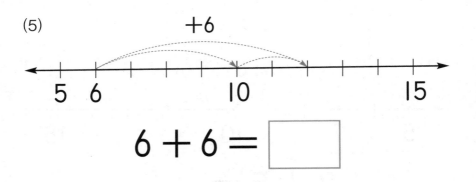

$$6 + 6 = \boxed{}$$

(6)

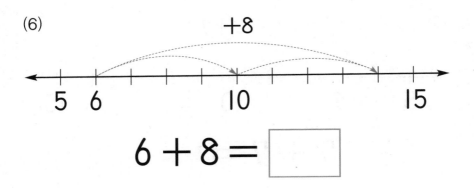

$$6 + 8 = \boxed{}$$

MB02 받아올림이 있는 (한 자리 수)+(한 자리 수) (1)

● 수직선을 보고, ☐ 안에 알맞은 수를 쓰세요.

(1)

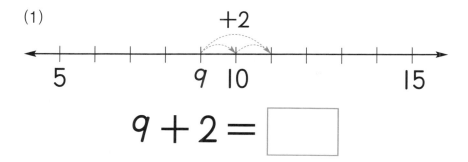

$$9 + 2 = \boxed{}$$

(2)

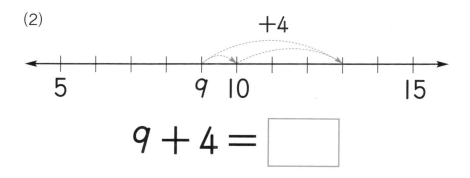

$$9 + 4 = \boxed{}$$

(3)

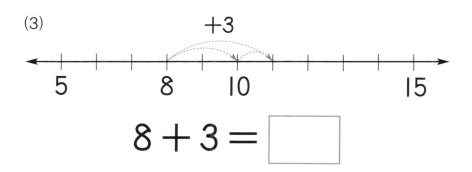

$$8 + 3 = \boxed{}$$

(4)

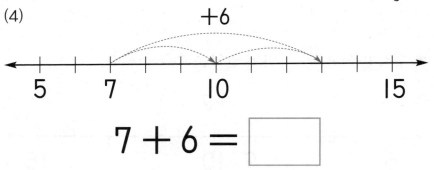

$$7 + 6 = \boxed{}$$

(5)

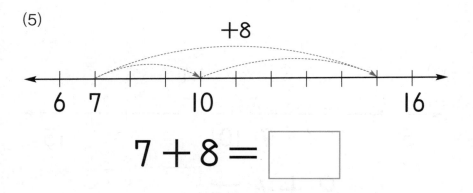

$$7 + 8 = \boxed{}$$

(6)

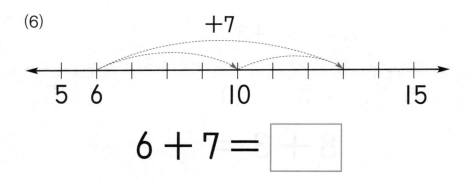

$$6 + 7 = \boxed{}$$

MB02 받아올림이 있는 (한 자리 수)+(한 자리 수) (1)

● 수직선을 보고, ☐ 안에 알맞은 수를 쓰세요.

(1)

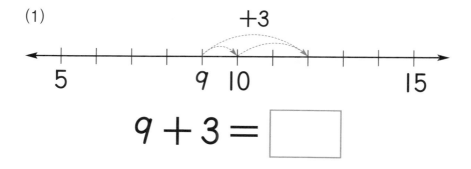

$$9 + 3 = \boxed{}$$

(2)

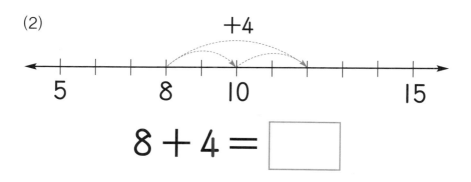

$$8 + 4 = \boxed{}$$

(3)

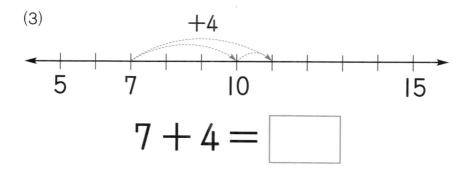

$$7 + 4 = \boxed{}$$

(4)

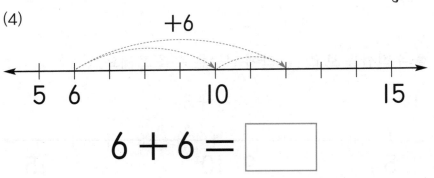

$$6 + 6 = \boxed{}$$

(5)

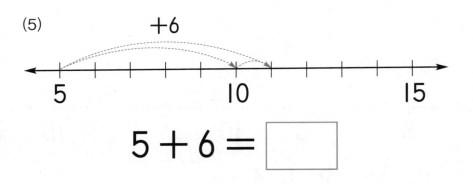

$$5 + 6 = \boxed{}$$

(6)

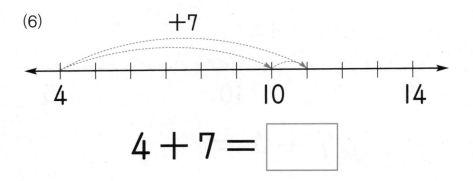

$$4 + 7 = \boxed{}$$

MB02 받아올림이 있는 (한 자리 수)+(한 자리 수) (1)

● 수직선을 보고, ☐ 안에 알맞은 수를 쓰세요.

(1)

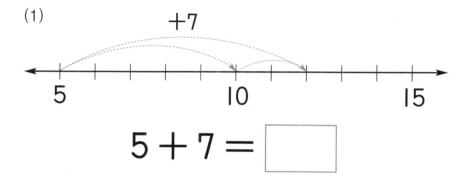

$$5 + 7 = \boxed{}$$

(2)

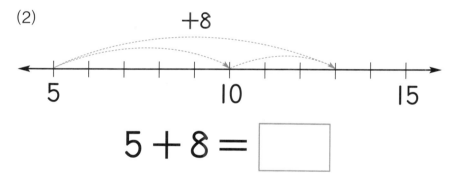

$$5 + 8 = \boxed{}$$

(3)

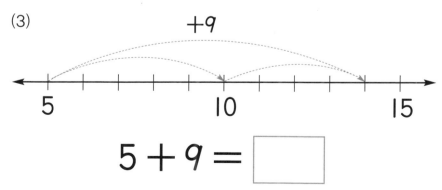

$$5 + 9 = \boxed{}$$

(4)

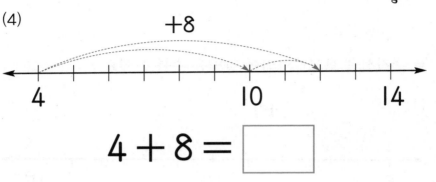

$$4 + 8 = \boxed{}$$

(5)

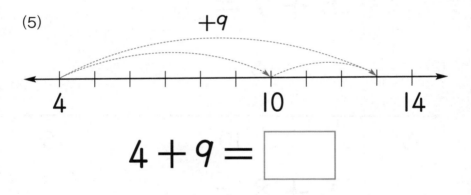

$$4 + 9 = \boxed{}$$

(6)

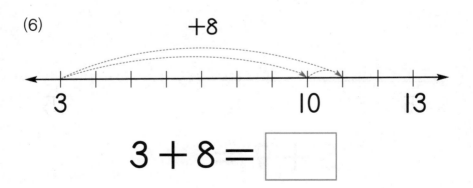

$$3 + 8 = \boxed{}$$

● 수직선을 보고, ☐ 안에 알맞은 수를 쓰세요.

(1)

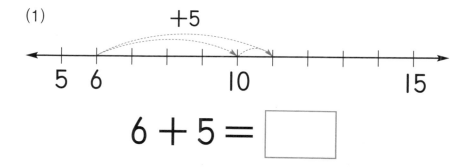

$$6 + 5 = \boxed{}$$

(2)

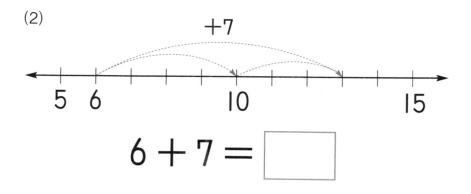

$$6 + 7 = \boxed{}$$

(3)

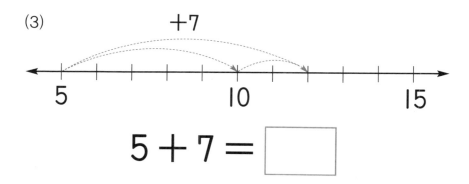

$$5 + 7 = \boxed{}$$

(4)

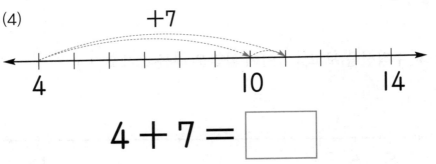

$$4 + 7 = \boxed{}$$

(5)

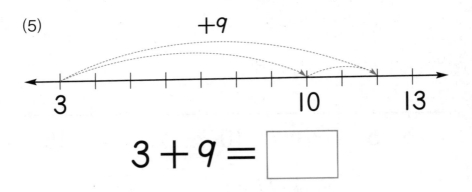

$$3 + 9 = \boxed{}$$

(6)

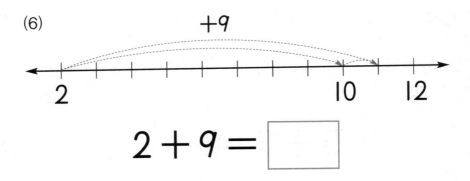

$$2 + 9 = \boxed{}$$

MB02 받아올림이 있는 (한 자리 수)+(한 자리 수) (1)

● 수직선을 보고, □ 안에 알맞은 수를 쓰세요.

(1)

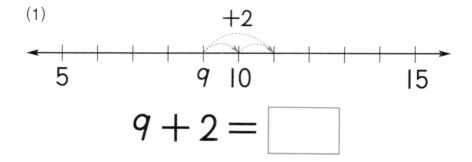

$$9 + 2 = \boxed{}$$

(2)

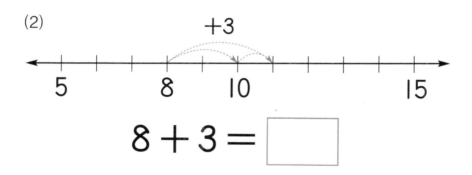

$$8 + 3 = \boxed{}$$

(3)

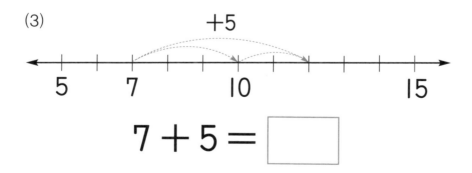

$$7 + 5 = \boxed{}$$

(4)

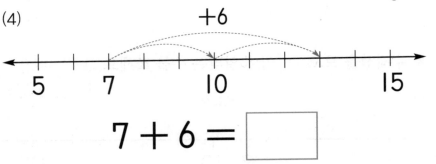

$$7 + 6 = \boxed{}$$

(5)

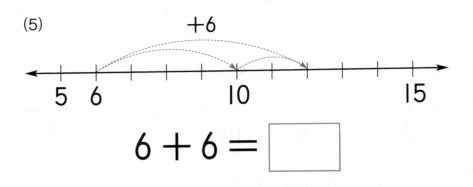

$$6 + 6 = \boxed{}$$

(6)

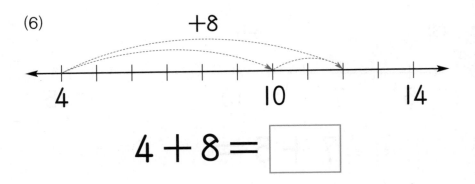

$$4 + 8 = \boxed{}$$

MB02 받아올림이 있는 (한 자리 수)+(한 자리 수) (1)

● 덧셈을 하세요.

(1) $6 + 1 = \boxed{}$

(2) $2 + 6 = \boxed{}$

(3) $5 + 2 = \boxed{}$

(4) $3 + 2 = \boxed{}$

(5) $3 + 4 = \boxed{}$

(6) $4 + 2 = \boxed{}$

(7) $4 + 3 = \boxed{}$

(8) $3 + 6 = \boxed{}$

(9) $2 + 5 = \boxed{}$

(10) $7 + 2 = \boxed{}$

(11) $2 + 7 = \boxed{}$

(12) $1 + 8 = \boxed{}$

(13) $3 + 5 = \boxed{}$

● 덧셈을 하세요.

(1) $9 + 1 = 10$

(2) $9 + 2 = \boxed{}$

(3) $9 + 3 = \boxed{}$

(4) $9 + 4 = \boxed{}$

(5) $9 + 5 = \boxed{}$

(6) $9 + 6 = \boxed{}$

(7) $8 + 2 =$ ☐

(8) $8 + 3 =$ ☐

(9) $8 + 4 =$ ☐

(10) $8 + 5 =$ ☐

(11) $8 + 6 =$ ☐

(12) $8 + 7 =$ ☐

(13) $8 + 8 =$ ☐

받아올림이 있는 (한 자리 수)+(한 자리 수) (1)

● 덧셈을 하세요.

(1) $9 + 7 = \boxed{}$

(2) $9 + 8 = \boxed{}$

(3) $9 + 9 = \boxed{}$

(4) $8 + 5 = \boxed{}$

(5) $8 + 8 = \boxed{}$

(6) $8 + 9 = \boxed{}$

(7) $7 + 3 =$ ☐

(8) $7 + 4 =$ ☐

(9) $7 + 5 =$ ☐

(10) $7 + 6 =$ ☐

(11) $7 + 7 =$ ☐

(12) $7 + 8 =$ ☐

(13) $7 + 9 =$ ☐

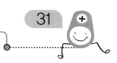

MB02 받아올림이 있는 (한 자리 수)+(한 자리 수) (1)

● 덧셈을 하세요.

(1) $9 + 1 =$

(2) $9 + 3 =$

(3) $9 + 4 =$

(4) $9 + 6 =$

(5) $9 + 7 =$

(6) $8 + 2 =$

(7) 8 + 5 =

(8) 8 + 7 =

(9) 7 + 3 =

(10) 7 + 5 =

(11) 7 + 6 =

(12) 7 + 8 =

(13) 7 + 9 =

MB02 받아올림이 있는 (한 자리 수)+(한 자리 수) (1)

● 덧셈을 하세요.

(1) $9 + 4 = \boxed{}$

(2) $9 + 7 = \boxed{}$

(3) $8 + 3 = \boxed{}$

(4) $8 + 9 = \boxed{}$

(5) $7 + 5 = \boxed{}$

(6) $7 + 8 = \boxed{}$

(7) $7 + 9 =$ ☐

(8) $6 + 4 =$ ☐

(9) $6 + 5 =$ ☐

(10) $6 + 6 =$ ☐

(11) $6 + 7 =$ ☐

(12) $6 + 8 =$ ☐

(13) $6 + 9 =$ ☐

MB02 받아올림이 있는 (한 자리 수)+(한 자리 수) (1)

● 덧셈을 하세요.

(1) $8 + 4 = \boxed{}$

(2) $8 + 6 = \boxed{}$

(3) $7 + 5 = \boxed{}$

(4) $7 + 7 = \boxed{}$

(5) $6 + 4 = \boxed{}$

(6) $6 + 6 = \boxed{}$

(7) $6 + 8 = \boxed{}$

(8) $6 + 9 = \boxed{}$

(9) $5 + 5 = \boxed{}$

(10) $5 + 6 = \boxed{}$

(11) $5 + 7 = \boxed{}$

(12) $5 + 8 = \boxed{}$

(13) $5 + 9 = \boxed{}$

MB02 받아올림이 있는 (한 자리 수)+(한 자리 수) (1)

● 덧셈을 하세요.

(1) $7 + 3 =$ ☐

(2) $7 + 6 =$ ☐

(3) $7 + 9 =$ ☐

(4) $6 + 4 =$ ☐

(5) $6 + 5 =$ ☐

(6) $6 + 7 =$ ☐

(7) $5 + 5 = $ ◻

(8) $5 + 7 = $ ◻

(9) $5 + 8 = $ ◻

(10) $4 + 6 = $ ◻

(11) $4 + 7 = $ ◻

(12) $4 + 8 = $ ◻

(13) $4 + 9 = $ ◻

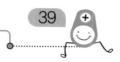

MB02 받아올림이 있는 (한 자리 수)+(한 자리 수) (1)

● 덧셈을 하세요.

(1) $6 + 5 = $

(2) $6 + 7 = $

(3) $5 + 6 = $

(4) $5 + 9 = $

(5) $4 + 6 = $

(6) $4 + 8 = $

(7) $4 + 9 =$

(8) $3 + 7 =$

(9) $3 + 8 =$

(10) $3 + 9 =$

(11) $2 + 8 =$

(12) $2 + 9 =$

(13) $1 + 9 =$

받아올림이 있는
(한 자리 수)+(한 자리 수) (2)

3주차

요일	교재 번호	학습한 날짜		확인
1일차(월)	01~08	월	일	
2일차(화)	09~16	월	일	
3일차(수)	17~24	월	일	
4일차(목)	25~32	월	일	
5일차(금)	33~40	월	일	

● 덧셈을 하세요.

(1) $9 + 1 = 10$

(2) $9 + 2 =$

(3) $9 + 4 =$

(4) $9 + 5 =$

(5) $9 + 7 =$

(6) $9 + 8 =$

(7) $9 + 9 =$

(8) $8 + 2 =$

(9) $8 + 3 =$

(10) $8 + 5 =$

(11) $8 + 7 =$

(12) $8 + 8 =$

(13) $8 + 9 =$

(14) $7 + 3 =$

(15) $7 + 4 =$

● 덧셈을 하세요.

(1) $9 + 2 =$

(2) $9 + 3 =$

(3) $9 + 4 =$

(4) $9 + 5 =$

(5) $8 + 3 =$

(6) $8 + 4 =$

(7) $8 + 6 =$

(8) $7 + 4 =$

(9) $7 + 5 =$

(10) $7 + 7 =$

(11) $7 + 8 =$

(12) $6 + 5 =$

(13) $6 + 6 =$

(14) $6 + 8 =$

(15) $6 + 9 =$

● 덧셈을 하세요.

(1) $8 + 4 =$

(2) $8 + 6 =$

(3) $8 + 7 =$

(4) $7 + 3 =$

(5) $7 + 6 =$

(6) $7 + 8 =$

(7) $7 + 9 =$

(8) $6 + 4 =$

(9) $6 + 6 =$

(10) $6 + 7 =$

(11) $6 + 8 =$

(12) $5 + 6 =$

(13) $5 + 7 =$

(14) $5 + 8 =$

(15) $5 + 9 =$

● 덧셈을 하세요.

(1) $6 + 5 =$

(2) $6 + 6 =$

(3) $6 + 7 =$

(4) $6 + 9 =$

(5) $5 + 5 =$

(6) $5 + 6 =$

(7) $5 + 8 =$

(8) $4 + 7 =$

(9) $4 + 8 =$

(10) $4 + 9 =$

(11) $3 + 7 =$

(12) $3 + 9 =$

(13) $2 + 8 =$

(14) $2 + 9 =$

(15) $1 + 9 =$

● 덧셈을 하세요.

(1) $9 + 2 =$

(2) $9 + 3 =$

(3) $9 + 1 =$

(4) $9 + 7 =$

(5) $9 + 6 =$

(6) $9 + 9 =$

(7) $9 + 8 =$

(8) $9 + 4 =$

(9) $8 + 4 =$

(10) $8 + 2 =$

(11) $8 + 8 =$

(12) $8 + 7 =$

(13) $8 + 6 =$

(14) $8 + 3 =$

(15) $8 + 5 =$

● 덧셈을 하세요.

(1) $9 + 3 =$

(2) $9 + 8 =$

(3) $9 + 5 =$

(4) $9 + 7 =$

(5) $8 + 9 =$

(6) $8 + 5 =$

(7) $8 + 4 =$

(8) $8 + 3 =$

(9) $7 + 3 =$

(10) $7 + 6 =$

(11) $7 + 4 =$

(12) $7 + 8 =$

(13) $7 + 5 =$

(14) $7 + 7 =$

(15) $7 + 9 =$

MB03 받아올림이 있는 (한 자리 수) + (한 자리 수) (2)

● 덧셈을 하세요.

(1) $8 + 5 =$

(2) $8 + 7 =$

(3) $7 + 6 =$

(4) $7 + 9 =$

(5) $6 + 4 =$

(6) $6 + 8 =$

(7) $6 + 5 =$

(8) $6 + 7 =$

(9) $6 + 9 =$

(10) $6 + 6 =$

(11) $5 + 6 =$

(12) $5 + 5 =$

(13) $5 + 8 =$

(14) $5 + 9 =$

(15) $5 + 7 =$

MB03 받아올림이 있는 (한 자리 수)+(한 자리 수) (2)

● 덧셈을 하세요.

(1) $6 + 5 =$

(2) $6 + 8 =$

(3) $6 + 4 =$

(4) $5 + 6 =$

(5) $5 + 8 =$

(6) $4 + 7 =$

(7) $4 + 9 =$

(8) $4 + 6 =$

(9) $4 + 8 =$

(10) $3 + 9 =$

(11) $3 + 7 =$

(12) $3 + 8 =$

(13) $2 + 9 =$

(14) $2 + 8 =$

(15) $1 + 9 =$

MB03 받아올림이 있는 (한 자리 수)+(한 자리 수) (2)

● 덧셈을 하세요.

(1) $8 + 2 =$

(2) $9 + 2 =$

(3) $8 + 3 =$

(4) $9 + 3 =$

(5) $6 + 4 =$

(6) $8 + 4 =$

(7) $9 + 4 =$

(8) $5 + 5 =$

(9) $6 + 5 =$

(10) $7 + 5 =$

(11) $8 + 5 =$

(12) $4 + 6 =$

(13) $5 + 6 =$

(14) $7 + 6 =$

(15) $8 + 6 =$

MB03 받아올림이 있는 (한 자리 수)+(한 자리 수) (2)

● 덧셈을 하세요.

(1) $7 + 3 =$

(2) $8 + 3 =$

(3) $7 + 4 =$

(4) $8 + 4 =$

(5) $6 + 5 =$

(6) $8 + 5 =$

(7) $9 + 5 =$

(8) $5 + 6 =$

(9) $7 + 6 =$

(10) $6 + 6 =$

(11) $9 + 6 =$

(12) $5 + 7 =$

(13) $6 + 7 =$

(14) $8 + 7 =$

(15) $7 + 7 =$

MB03 받아올림이 있는 (한 자리 수)+(한 자리 수) (2)

● 덧셈을 하세요.

(1) $6 + 5 =$

(2) $9 + 5 =$

(3) $4 + 6 =$

(4) $8 + 6 =$

(5) $7 + 6 =$

(6) $4 + 7 =$

(7) $9 + 7 =$

(8) $6 + 7 =$

(9) $8 + 7 =$

(10) $4 + 8 =$

(11) $5 + 8 =$

(12) $6 + 8 =$

(13) $7 + 8 =$

(14) $8 + 8 =$

(15) $9 + 8 =$

● 덧셈을 하세요.

(1) $4 + 6 =$

(2) $6 + 6 =$

(3) $5 + 7 =$

(4) $3 + 7 =$

(5) $3 + 8 =$

(6) $2 + 8 =$

(7) $4 + 8 =$

(8) $1 + 9 =$

(9) $2 + 9 =$

(10) $3 + 9 =$

(11) $4 + 9 =$

(12) $5 + 9 =$

(13) $6 + 9 =$

(14) $8 + 9 =$

(15) $9 + 9 =$

MB03 받아올림이 있는 (한 자리 수) + (한 자리 수) (2)

● 덧셈을 하세요.

(1) $9 + 1 =$

(2) $8 + 2 =$

(3) $9 + 2 =$

(4) $9 + 3 =$

(5) $7 + 3 =$

(6) $8 + 3 =$

(7) $6 + 4 =$

(8) $8 + 4 =$

(9) $7 + 4 =$

(10) $9 + 4 =$

(11) $5 + 5 =$

(12) $8 + 5 =$

(13) $6 + 5 =$

(14) $9 + 5 =$

(15) $7 + 5 =$

MB03 받아올림이 있는 (한 자리 수)+(한 자리 수) (2)

● 덧셈을 하세요.

(1) $8 + 5 =$

(2) $6 + 5 =$

(3) $7 + 5 =$

(4) $5 + 5 =$

(5) $7 + 6 =$

(6) $8 + 6 =$

(7) $5 + 6 =$

(8) $6 + 6 =$

(9) $3 + 7 =$

(10) $7 + 7 =$

(11) $8 + 7 =$

(12) $9 + 7 =$

(13) $4 + 7 =$

(14) $5 + 7 =$

(15) $6 + 7 =$

MB03 받아올림이 있는 (한 자리 수)+(한 자리 수) (2)

● 덧셈을 하세요.

(1) $5 + 6 =$

(2) $8 + 6 =$

(3) $9 + 6 =$

(4) $5 + 7 =$

(5) $7 + 7 =$

(6) $8 + 7 =$

(7) $3 + 7 =$

(8) $2 + 8 =$

(9) $9 + 8 =$

(10) $4 + 8 =$

(11) $5 + 8 =$

(12) $8 + 8 =$

(13) $7 + 8 =$

(14) $6 + 8 =$

(15) $3 + 8 =$

● 덧셈을 하세요.

(1) $4 + 7 =$

(2) $6 + 7 =$

(3) $7 + 7 =$

(4) $9 + 7 =$

(5) $3 + 8 =$

(6) $8 + 8 =$

(7) $7 + 8 =$

(8) $5 + 9 =$

(9) $3 + 9 =$

(10) $8 + 9 =$

(11) $2 + 9 =$

(12) $6 + 9 =$

(13) $9 + 9 =$

(14) $4 + 9 =$

(15) $7 + 9 =$

MB03 받아올림이 있는 (한 자리 수)+(한 자리 수) (2)

● 덧셈을 하세요.

(1) $9 + 1 =$

(2) $9 + 2 =$

(3) $9 + 4 =$

(4) $9 + 5 =$

(5) $9 + 7 =$

(6) $8 + 3 =$

(7) $8 + 6 =$

(8) $8 + 8 =$

(9) $8 + 5 =$

(10) $8 + 7 =$

(11) $7 + 8 =$

(12) $7 + 6 =$

(13) $7 + 7 =$

(14) $7 + 9 =$

(15) $7 + 4 =$

MB03 받아올림이 있는 (한 자리 수)+(한 자리 수) (2)

● 덧셈을 하세요.

(1) $6 + 4 =$

(2) $6 + 6 =$

(3) $6 + 5 =$

(4) $6 + 8 =$

(5) $5 + 6 =$

(6) $5 + 7 =$

(7) $5 + 9 =$

(8) $4 + 6 =$

(9) $4 + 7 =$

(10) $4 + 9 =$

(11) $3 + 7 =$

(12) $3 + 8 =$

(13) $3 + 9 =$

(14) $2 + 9 =$

(15) $1 + 9 =$

● 덧셈을 하세요.

(1) $8 + 2 =$

(2) $9 + 2 =$

(3) $7 + 3 =$

(4) $9 + 3 =$

(5) $8 + 4 =$

(6) $9 + 4 =$

(7) $7 + 4 =$

(8) $6 + 5 =$

(9) $8 + 5 =$

(10) $7 + 5 =$

(11) $9 + 5 =$

(12) $4 + 6 =$

(13) $9 + 6 =$

(14) $7 + 6 =$

(15) $8 + 6 =$

● 덧셈을 하세요.

(1) $4 + 7 =$

(2) $3 + 7 =$

(3) $6 + 7 =$

(4) $8 + 7 =$

(5) $9 + 7 =$

(6) $5 + 8 =$

(7) $7 + 8 =$

(8) $8 + 8 =$

(9) $4 + 8 =$

(10) $9 + 8 =$

(11) $6 + 9 =$

(12) $2 + 9 =$

(13) $7 + 9 =$

(14) $2 + 9 =$

(15) $5 + 9 =$

받아올림이 있는 (한 자리 수)+(한 자리 수) (3)

4주차

요일	교재 번호	학습한 날짜		확인
1일차(월)	01~08	월	일	
2일차(화)	09~16	월	일	
3일차(수)	17~24	월	일	
4일차(목)	25~32	월	일	
5일차(금)	33~40	월	일	

● 덧셈을 하세요.

(1) $9 + 1 =$

(2) $8 + 2 =$

(3) $7 + 3 =$

(4) $9 + 3 =$

(5) $8 + 4 =$

(6) $7 + 4 =$

(7) $9 + 2 =$

(8) $8 + 3 =$

(9) $7 + 5 =$

(10) $9 + 4 =$

(11) $8 + 5 =$

(12) $7 + 7 =$

(13) $9 + 6 =$

(14) $8 + 6 =$

(15) $7 + 8 =$

MB04 받아올림이 있는 (한 자리 수)+(한 자리 수) (3)

● 덧셈을 하세요.

(1) $9 + 5 =$

(2) $8 + 4 =$

(3) $7 + 6 =$

(4) $6 + 6 =$

(5) $9 + 7 =$

(6) $8 + 7 =$

(7) $7 + 4 =$

(8) $6 + 7 =$

(9) $9 + 8 =$

(10) $8 + 5 =$

(11) $7 + 5 =$

(12) $6 + 8 =$

(13) $9 + 6 =$

(14) $8 + 8 =$

(15) $9 + 9 =$

5

● 덧셈을 하세요.

(1) $9 + 2 =$

(2) $8 + 2 =$

(3) $7 + 7 =$

(4) $6 + 9 =$

(5) $5 + 8 =$

(6) $9 + 3 =$

(7) $8 + 9 =$

(8) $7 + 8 =$

(9) $6 + 5 =$

(10) $5 + 9 =$

(11) $9 + 4 =$

(12) $8 + 3 =$

(13) $7 + 9 =$

(14) $6 + 6 =$

(15) $5 + 6 =$

● 덧셈을 하세요.

(1) $9 + 5 =$

(2) $8 + 6 =$

(3) $7 + 7 =$

(4) $6 + 7 =$

(5) $5 + 5 =$

(6) $4 + 7 =$

(7) $3 + 9 =$

(8) $9 + 6 =$

(9) $8 + 7 =$

(10) $7 + 8 =$

(11) $6 + 8 =$

(12) $5 + 6 =$

(13) $4 + 6 =$

(14) $3 + 8 =$

(15) $2 + 9 =$

● 덧셈을 하세요.

(1) $1 + 9 =$

(2) $2 + 8 =$

(3) $3 + 7 =$

(4) $3 + 9 =$

(5) $4 + 8 =$

(6) $5 + 7 =$

(7) $5 + 9 =$

(8) $6 + 8 =$

(9) $7 + 7 =$

(10) $7 + 9 =$

(11) $5 + 8 =$

(12) $6 + 7 =$

(13) $6 + 9 =$

(14) $8 + 8 =$

(15) $9 + 7 =$

● 덧셈을 하세요.

(1) $2 + 9 =$

(2) $4 + 8 =$

(3) $4 + 7 =$

(4) $5 + 6 =$

(5) $6 + 6 =$

(6) $7 + 8 =$

(7) $8 + 7 =$

(8) $8 + 6 =$

(9) $8 + 9 =$

(10) $5 + 8 =$

(11) $5 + 7 =$

(12) $7 + 6 =$

(13) $7 + 9 =$

(14) $9 + 8 =$

(15) $9 + 7 =$

MB04 받아올림이 있는 (한 자리 수)+(한 자리 수) (3)

● 덧셈을 하세요.

(1) $3 + 9 =$

(2) $3 + 8 =$

(3) $6 + 7 =$

(4) $6 + 6 =$

(5) $7 + 5 =$

(6) $4 + 9 =$

(7) $4 + 8 =$

(8) $6 + 5 =$

(9) $6 + 8 =$

(10) $5 + 5 =$

(11) $5 + 9 =$

(12) $7 + 8 =$

(13) $7 + 7 =$

(14) $9 + 6 =$

(15) $9 + 5 =$

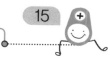

● 덧셈을 하세요.

(1) $4 + 9 =$

(2) $5 + 8 =$

(3) $5 + 7 =$

(4) $8 + 6 =$

(5) $8 + 5 =$

(6) $9 + 4 =$

(7) $9 + 3 =$

(8) $6 + 9 =$

(9) $5 + 9 =$

(10) $5 + 6 =$

(11) $7 + 6 =$

(12) $8 + 3 =$

(13) $8 + 4 =$

(14) $9 + 1 =$

(15) $9 + 2 =$

MB04 받아올림이 있는 (한 자리 수)+(한 자리 수) (3)

● 덧셈을 하세요.

(1) $1 + 9 =$

(2) $7 + 9 =$

(3) $9 + 9 =$

(4) $4 + 9 =$

(5) $8 + 9 =$

(6) $2 + 8 =$

(7) $9 + 8 =$

(8) $3 + 8 =$

(9) $8 + 8 =$

(10) $4 + 8 =$

(11) $9 + 7 =$

(12) $4 + 7 =$

(13) $5 + 7 =$

(14) $7 + 7 =$

(15) $6 + 7 =$

● 덧셈을 하세요.

(1) $3 + 9 =$

(2) $1 + 9 =$

(3) $5 + 9 =$

(4) $9 + 9 =$

(5) $5 + 8 =$

(6) $7 + 8 =$

(7) $6 + 8 =$

(8) $9 + 8 =$

(9) $8 + 7 =$

(10) $3 + 7 =$

(11) $4 + 7 =$

(12) $6 + 7 =$

(13) $7 + 6 =$

(14) $5 + 6 =$

(15) $8 + 6 =$

MB04 받아올림이 있는 (한 자리 수)+(한 자리 수) (3)

● 덧셈을 하세요.

(1) $6 + 9 =$

(2) $2 + 9 =$

(3) $4 + 9 =$

(4) $8 + 8 =$

(5) $3 + 8 =$

(6) $7 + 8 =$

(7) $7 + 7 =$

(8) $9 + 7 =$

(9) $6 + 7 =$

(10) $5 + 6 =$

(11) $7 + 6 =$

(12) $4 + 6 =$

(13) $8 + 5 =$

(14) $5 + 5 =$

(15) $9 + 5 =$

● 덧셈을 하세요.

(1) $4 + 9 =$

(2) $7 + 9 =$

(3) $6 + 8 =$

(4) $9 + 8 =$

(5) $5 + 7 =$

(6) $8 + 7 =$

(7) $9 + 6 =$

(8) $5 + 6 =$

(9) $7 + 7 =$

(10) $6 + 5 =$

(11) $6 + 4 =$

(12) $8 + 6 =$

(13) $9 + 9 =$

(14) $8 + 3 =$

(15) $9 + 2 =$

MB04 받아올림이 있는 (한 자리 수)+(한 자리 수) (3)

● 덧셈을 하세요.

(1) $1 + 9 =$

(2) $2 + 8 =$

(3) $3 + 7 =$

(4) $6 + 6 =$

(5) $7 + 5 =$

(6) $8 + 4 =$

(7) $9 + 3 =$

(8) $2 + 9 =$

(9) $3 + 8 =$

(10) $4 + 7 =$

(11) $5 + 6 =$

(12) $6 + 5 =$

(13) $7 + 4 =$

(14) $8 + 3 =$

(15) $9 + 2 =$

MB04 받아올림이 있는 (한 자리 수)+(한 자리 수) (3)

● 덧셈을 하세요.

(1) $3 + 9 =$

(2) $4 + 8 =$

(3) $5 + 7 =$

(4) $6 + 6 =$

(5) $7 + 5 =$

(6) $8 + 4 =$

(7) $9 + 3 =$

(8) $4 + 9 =$

(9) $5 + 8 =$

(10) $6 + 7 =$

(11) $7 + 6 =$

(12) $8 + 5 =$

(13) $9 + 4 =$

(14) $8 + 3 =$

(15) $9 + 2 =$

MB04 받아올림이 있는 (한 자리 수)+(한 자리 수) (3)

● 덧셈을 하세요.

(1) $7 + 3 =$

(2) $8 + 4 =$

(3) $9 + 5 =$

(4) $6 + 6 =$

(5) $7 + 7 =$

(6) $8 + 8 =$

(7) $9 + 9 =$

(8) $8 + 2 =$

(9) $9 + 3 =$

(10) $7 + 4 =$

(11) $8 + 5 =$

(12) $9 + 6 =$

(13) $6 + 7 =$

(14) $7 + 8 =$

(15) $8 + 9 =$

● 덧셈을 하세요.

(1) $8 + 3 =$

(2) $9 + 4 =$

(3) $6 + 5 =$

(4) $7 + 6 =$

(5) $8 + 7 =$

(6) $9 + 8 =$

(7) $7 + 9 =$

(8) $8 + 2 =$

(9) $9 + 3 =$

(10) $6 + 4 =$

(11) $7 + 5 =$

(12) $8 + 6 =$

(13) $9 + 7 =$

(14) $5 + 8 =$

(15) $6 + 9 =$

● 덧셈을 하세요.

(1) $9 + 2 =$

(2) $4 + 8 =$

(3) $7 + 3 =$

(4) $5 + 6 =$

(5) $3 + 9 =$

(6) $6 + 7 =$

(7) $8 + 4 =$

(8) $6 + 9 =$

(9) $7 + 8 =$

(10) $4 + 7 =$

(11) $8 + 5 =$

(12) $5 + 9 =$

(13) $6 + 6 =$

(14) $4 + 9 =$

(15) $9 + 6 =$

● 덧셈을 하세요.

(1) $5 + 5 =$

(2) $8 + 3 =$

(3) $8 + 6 =$

(4) $4 + 8 =$

(5) $7 + 6 =$

(6) $7 + 7 =$

(7) $9 + 7 =$

(8) $6 + 8 =$

(9) $9 + 5 =$

(10) $8 + 7 =$

(11) $8 + 8 =$

(12) $2 + 9 =$

(13) $7 + 3 =$

(14) $8 + 9 =$

(15) $9 + 9 =$

● 빈칸에 알맞은 수를 쓰세요.

(1)

+	2	4	5
4	6	8	9
5		9	

(2)

+	3	4	6
6	9	10	
7		11	

(3)

+	2	4	5
8	10	12	
9		13	

(4)

+	3	4	6
8	11	12	
9		13	

MB04 받아올림이 있는 (한 자리 수)+(한 자리 수) (3)

● 빈칸에 알맞은 수를 쓰세요.

(1)

+	2	3	4
5	7	8	
6		9	
7	9	10	
8		11	
9		12	

(2)

+	3	5	6
5	8	10	
6		11	
7	10	12	
8		13	
9		14	

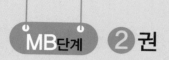

MB단계 2권

학교 연산 대비하자

연산 UP

● 덧셈을 하세요.

(1) $11 + 2 =$

(2) $10 + 9 =$

(3) $13 + 4 =$

(4) $12 + 6 =$

(5) $15 + 1 =$

(6) $14 + 4 =$

(7) $13 + 2 =$

(8) $12 + 2 =$

(9) $16 + 3 =$

(10) $18 + 0 =$

(11) $11 + 5 =$

(12) $13 + 5 =$

(13) $14 + 3 =$

(14) $15 + 2 =$

(15) $17 + 1 =$

● 덧셈을 하세요.

(1) $9 + 2 =$

(2) $6 + 7 =$

(3) $4 + 8 =$

(4) $8 + 6 =$

(5) $5 + 6 =$

(6) $2 + 8 =$

(7) $9 + 7 =$

(8) $3 + 8 =$

(9) $9 + 4 =$

(10) $7 + 7 =$

(11) $8 + 8 =$

(12) $6 + 6 =$

(13) $8 + 3 =$

(14) $7 + 5 =$

(15) $9 + 9 =$

● 덧셈을 하세요.

(1) $4 + 7 =$

(2) $2 + 9 =$

(3) $7 + 8 =$

(4) $8 + 4 =$

(5) $9 + 5 =$

(6) $5 + 8 =$

(7) $7 + 9 =$

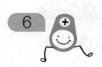

(8) $8 + 5 =$

(9) $7 + 4 =$

(10) $5 + 7 =$

(11) $6 + 8 =$

(12) $9 + 6 =$

(13) $5 + 9 =$

(14) $6 + 5 =$

(15) $9 + 8 =$

● 빈 곳에 알맞은 수를 쓰세요.

(1)
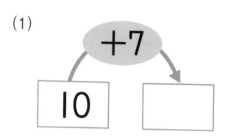

(2)
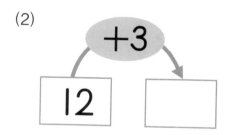

(3)
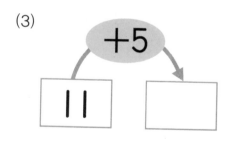

(4)
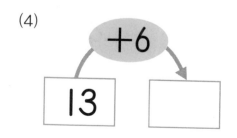

(5)
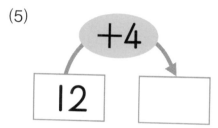

(6)
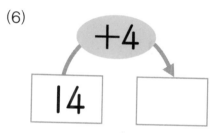

(7)
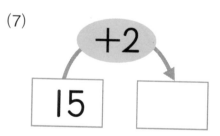

(8)
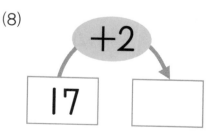

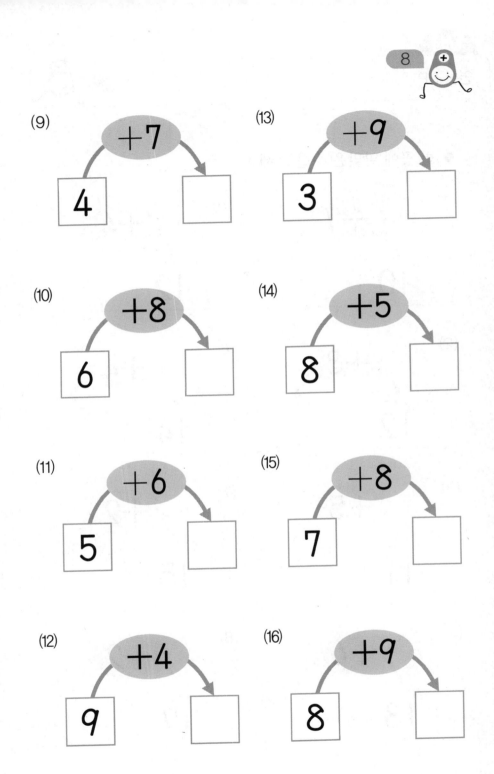

(9) 4 $+7$ □

(13) 3 $+9$ □

(10) 6 $+8$ □

(14) 8 $+5$ □

(11) 5 $+6$ □

(15) 7 $+8$ □

(12) 9 $+4$ □

(16) 8 $+9$ □

● 빈칸에 알맞은 수를 쓰세요.

(1)

+	1	2
4		
7		

(3)

+	3	1
3		
6		

(2)

+	2	4
3		
5		

(4)

+	3	5
10		
14		

(5)

+	7	9
3		
5		

(7)

+	6	7
6		
9		

(6)

+	6	8
4		
8		

(8)

+	7	9
5		
8		

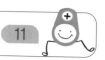
● 마주 보는 두 수의 합이 ▨ 안의 수가 되도록 빈 곳에 알맞은 수를 쓰세요.

(1)

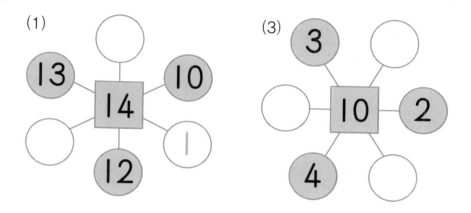

(3)

(2)

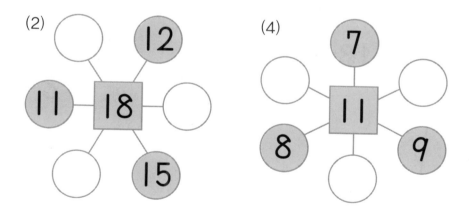

(4)

(5)

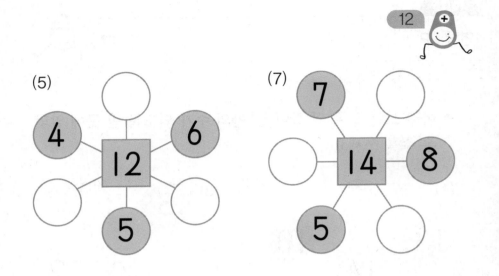

(7)

(6)

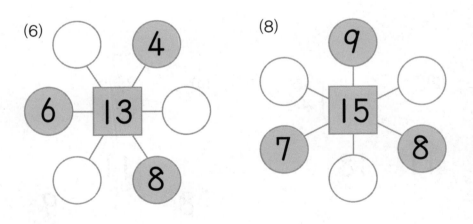

(8)

● 다음을 읽고 물음에 답하세요.

(1) 운동장에 남학생이 11명, 여학생이 6명 있습니다. 운동 장에 있는 남학생과 여학생은 모두 몇 명입니까?

(   )

(2) 사과가 14개 있습니다. 귤이 사과보다 2개 더 많습니다. 귤은 모두 몇 개입니까?

(   )

(3) 효린이는 지난달에 동화책을 12권, 위인전을 3권 읽었 습니다. 효린이가 지난달에 읽은 책은 모두 몇 권입니까?

(   )

(4) 지연이는 **8**이 적힌 숫자 카드를 가지고 있습니다. 준하는 지연이가 가진 숫자 카드보다 **3**이 더 큰 숫자 카드를 가지고 있습니다. 준하가 가지고 있는 숫자 카드의 수는 무엇입니까?

(   )

(5) 세발자전거가 **5**대, 두발자전거가 **7**대 있습니다. 자전거는 모두 몇 대입니까?

(   )

(6) 효리는 스티커를 **7**장 모았고, 유리는 효리보다 스티커를 **6**장 더 모았습니다. 유리가 모은 스티커는 몇 장입니까?

(   )

● 다음을 읽고 물음에 답하세요.

(1) 주희는 토끼 인형을 **4**개, 곰 인형을 **8**개 가지고 있습니다. 주희가 가지고 있는 인형은 모두 몇 개입니까?

(   )

(2) 화단에 꽃이 **9**송이 피어 있습니다. 오늘 **4**송이가 더 피었습니다. 화단에 핀 꽃은 모두 몇 송이입니까?

(   )

(3) 형식이는 흰 바둑돌 **6**개와 검은 바둑돌 **5**개를 가지고 있습니다. 형식이가 가지고 있는 바둑돌은 모두 몇 개입니까?

(   )

(4) 냉장고에 자두가 **8**개, 복숭아가 **7**개 있습니다. 냉장고에 있는 자두와 복숭아는 모두 몇 개입니까?

(   )

(5) 놀이터에 비둘기가 **9**마리, 참새가 **8**마리 있습니다. 놀이터에 있는 비둘기와 참새는 모두 몇 마리입니까?

(   )

(6) 수혁이는 사탕을 **8**개, 초콜릿을 **6**개 샀습니다. 수혁이가 산 사탕과 초콜릿은 모두 몇 개입니까?

(   )

정 답

1	2	3	4	5	6	7	8
(1) 12	(8) 19	(1) 11	(8) 15	(1) 16	(8) 19	(1) 16	(8) 16
(2) 14	(9) 13	(2) 16	(9) 13	(2) 19	(9) 17	(2) 14	(9) 19
(3) 16	(10) 17	(3) 18	(10) 14	(3) 18	(10) 15	(3) 18	(10) 17
(4) 13	(11) 14	(4) 14	(11) 18	(4) 12	(11) 16	(4) 16	(11) 18
(5) 15	(12) 16	(5) 14	(12) 17	(5) 18	(12) 17	(5) 15	(12) 18
(6) 18	(13) 18	(6) 12	(13) 15	(6) 16	(13) 15	(6) 17	(13) 19
(7) 17	(14) 15	(7) 16	(14) 19	(7) 13	(14) 18	(7) 19	(14) 18
	(15) 19		(15) 16		(15) 19		(15) 19

9	10	11	12	13	14	15	16
(1) 13	(8) 17	(1) 15	(8) 18	(1) 12	(8) 16	(1) 15	(8) 17
(2) 19	(9) 13	(2) 13	(9) 15	(2) 17	(9) 14	(2) 15	(9) 18
(3) 16	(10) 18	(3) 16	(10) 16	(3) 16	(10) 19	(3) 18	(10) 16
(4) 14	(11) 14	(4) 14	(11) 18	(4) 14	(11) 19	(4) 16	(11) 19
(5) 18	(12) 16	(5) 16	(12) 13	(5) 17	(12) 17	(5) 15	(12) 18
(6) 15	(13) 15	(6) 13	(13) 14	(6) 15	(13) 14	(6) 17	(13) 19
(7) 12	(14) 19	(7) 19	(14) 19	(7) 18	(14) 16	(7) 19	(14) 18
	(15) 17		(15) 15		(15) 18		(15) 19

17	18	19	20	21	22	23	24
(1) 12	(8) 18	(1) 15	(8) 18	(1) 13	(8) 14	(1) 16	(8) 16
(2) 16	(9) 19	(2) 18	(9) 17	(2) 19	(9) 18	(2) 18	(9) 16
(3) 14	(10) 13	(3) 19	(10) 19	(3) 14	(10) 13	(3) 17	(10) 19
(4) 17	(11) 16	(4) 17	(11) 18	(4) 11	(11) 16	(4) 15	(11) 18
(5) 13	(12) 15	(5) 16	(12) 16	(5) 15	(12) 17	(5) 17	(12) 17
(6) 14	(13) 13	(6) 15	(13) 18	(6) 17	(13) 19	(6) 19	(13) 17
(7) 16	(14) 18	(7) 19	(14) 17	(7) 15	(14) 15	(7) 18	(14) 18
	(15) 19		(15) 19		(15) 18		(15) 19

25	26	27	28	29	30	31	32
(1) 12	(8) 15	(1) 15	(8) 16	(1) 19	(8) 17	(1) 15	(8) 13
(2) 16	(9) 19	(2) 15	(9) 18	(2) 17	(9) 19	(2) 14	(9) 17
(3) 19	(10) 15	(3) 17	(10) 18	(3) 17	(10) 18	(3) 17	(10) 19
(4) 14	(11) 19	(4) 17	(11) 16	(4) 17	(11) 15	(4) 17	(11) 19
(5) 16	(12) 17	(5) 17	(12) 18	(5) 15	(12) 14	(5) 18	(12) 19
(6) 13	(13) 19	(6) 19	(13) 19	(6) 14	(13) 16	(6) 18	(13) 19
(7) 19	(14) 17	(7) 17	(14) 16	(7) 18	(14) 19	(7) 18	(14) 19
	(15) 19		(15) 19		(15) 19		(15) 19

MB01

33	34	35	36	37	38	39	40
(1) 12	(8) 19	(1) 18	(8) 15	(1) 17	(8) 16	(1) 13	(8) 18
(2) 16	(9) 18	(2) 18	(9) 16	(2) 17	(9) 18	(2) 19	(9) 17
(3) 16	(10) 15	(3) 13	(10) 15	(3) 13	(10) 18	(3) 17	(10) 19
(4) 17	(11) 16	(4) 19	(11) 19	(4) 17	(11) 17	(4) 19	(11) 18
(5) 16	(12) 18	(5) 19	(12) 15	(5) 17	(12) 19	(5) 18	(12) 19
(6) 19	(13) 18	(6) 19	(13) 16	(6) 13	(13) 19	(6) 17	(13) 17
(7) 17	(14) 15	(7) 13	(14) 19	(7) 17	(14) 15	(7) 17	(14) 18
	(15) 18		(15) 15		(15) 19		(15) 19

MB02

1	2	3	4	5	6	7	8
(1) 4	(4) 6	(1) 9	(4) 9	(1) 9	(4) 9	(1) 9	(4) 9
(2) 6	(5) 8	(2) 10	(5) 10	(2) 10	(5) 10	(2) 10	(5) 10
(3) 8	(6) 7	(3) 10	(6) 10	(3) 10	(6) 10	(3) 10	(6) 10

9	10	11	12	13	14	15	16
(1) 10	(4) 10	(1) 13	(4) 13	(1) 11	(4) 11	(1) 11	(4) 13
(2) 11	(5) 11	(2) 14	(5) 14	(2) 12	(5) 12	(2) 13	(5) 15
(3) 12	(6) 12	(3) 15	(6) 15	(3) 14	(6) 14	(3) 11	(6) 13

17	18	19	20	21	22	23	24
(1) 12	(4) 12	(1) 12	(4) 12	(1) 11	(4) 11	(1) 11	(4) 13
(2) 12	(5) 11	(2) 13	(5) 13	(2) 13	(5) 12	(2) 11	(5) 12
(3) 11	(6) 11	(3) 14	(6) 11	(3) 12	(6) 11	(3) 12	(6) 12

25	26	27	28	29	30	31	32
(1) 7	(7) 7	(1) 10	(7) 10	(1) 16	(7) 10	(1) 10	(7) 13
(2) 8	(8) 9	(2) 11	(8) 11	(2) 17	(8) 11	(2) 12	(8) 15
(3) 7	(9) 7	(3) 12	(9) 12	(3) 18	(9) 12	(3) 13	(9) 10
(4) 5	(10) 9	(4) 13	(10) 13	(4) 13	(10) 13	(4) 15	(10) 12
(5) 7	(11) 9	(5) 14	(11) 14	(5) 16	(11) 14	(5) 16	(11) 13
(6) 6	(12) 9	(6) 15	(12) 15	(6) 17	(12) 15	(6) 10	(12) 15
	(13) 8		(13) 16		(13) 16		(13) 16

33	34	35	36	37	38	39	40
(1) 13	(7) 16	(1) 12	(7) 14	(1) 10	(7) 10	(1) 11	(7) 13
(2) 16	(8) 10	(2) 14	(8) 15	(2) 13	(8) 12	(2) 13	(8) 10
(3) 11	(9) 11	(3) 12	(9) 10	(3) 16	(9) 13	(3) 11	(9) 11
(4) 17	(10) 12	(4) 14	(10) 11	(4) 10	(10) 10	(4) 14	(10) 12
(5) 12	(11) 13	(5) 10	(11) 12	(5) 11	(11) 11	(5) 10	(11) 10
(6) 15	(12) 14	(6) 12	(12) 13	(6) 13	(12) 12	(6) 12	(12) 11
	(13) 15		(13) 14		(13) 13		(13) 10

1	2	3	4	5	6	7	8
(1) 10	(8) 10	(1) 11	(8) 11	(1) 12	(8) 10	(1) 11	(8) 11
(2) 11	(9) 11	(2) 12	(9) 12	(2) 14	(9) 12	(2) 12	(9) 12
(3) 13	(10) 13	(3) 13	(10) 14	(3) 15	(10) 13	(3) 13	(10) 13
(4) 14	(11) 15	(4) 14	(11) 15	(4) 10	(11) 14	(4) 15	(11) 10
(5) 16	(12) 16	(5) 11	(12) 11	(5) 13	(12) 11	(5) 10	(12) 12
(6) 17	(13) 17	(6) 12	(13) 12	(6) 15	(13) 12	(6) 11	(13) 10
(7) 18	(14) 10	(7) 14	(14) 14	(7) 16	(14) 13	(7) 13	(14) 11
	(15) 11		(15) 15		(15) 14		(15) 10

9	10	11	12	13	14	15	16
(1) 11	(8) 13	(1) 12	(8) 11	(1) 13	(8) 13	(1) 11	(8) 10
(2) 12	(9) 12	(2) 17	(9) 10	(2) 15	(9) 15	(2) 14	(9) 12
(3) 10	(10) 10	(3) 14	(10) 13	(3) 13	(10) 12	(3) 10	(10) 12
(4) 16	(11) 16	(4) 16	(11) 11	(4) 16	(11) 11	(4) 11	(11) 10
(5) 15	(12) 15	(5) 17	(12) 15	(5) 10	(12) 10	(5) 13	(12) 11
(6) 18	(13) 14	(6) 13	(13) 12	(6) 14	(13) 13	(6) 11	(13) 11
(7) 17	(14) 11	(7) 12	(14) 14	(7) 11	(14) 14	(7) 13	(14) 10
	(15) 13		(15) 16		(15) 12		(15) 10

17	18	19	20	21	22	23	24
(1) 10	(8) 10	(1) 10	(8) 11	(1) 11	(8) 13	(1) 10	(8) 10
(2) 11	(9) 11	(2) 11	(9) 13	(2) 14	(9) 15	(2) 12	(9) 11
(3) 11	(10) 12	(3) 11	(10) 12	(3) 10	(10) 12	(3) 12	(10) 12
(4) 12	(11) 13	(4) 12	(11) 15	(4) 14	(11) 13	(4) 10	(11) 13
(5) 10	(12) 10	(5) 11	(12) 12	(5) 13	(12) 14	(5) 11	(12) 14
(6) 12	(13) 11	(6) 13	(13) 13	(6) 11	(13) 15	(6) 10	(13) 15
(7) 13	(14) 13	(7) 14	(14) 15	(7) 16	(14) 16	(7) 12	(14) 17
	(15) 14		(15) 14		(15) 17		(15) 18

25	26	27	28	29	30	31	32
(1) 10	(8) 12	(1) 13	(8) 12	(1) 11	(8) 10	(1) 11	(8) 14
(2) 10	(9) 11	(2) 11	(9) 10	(2) 14	(9) 17	(2) 13	(9) 12
(3) 11	(10) 13	(3) 12	(10) 14	(3) 15	(10) 12	(3) 14	(10) 17
(4) 12	(11) 10	(4) 10	(11) 15	(4) 12	(11) 13	(4) 16	(11) 11
(5) 10	(12) 13	(5) 13	(12) 16	(5) 14	(12) 16	(5) 11	(12) 15
(6) 11	(13) 11	(6) 14	(13) 11	(6) 15	(13) 15	(6) 16	(13) 18
(7) 10	(14) 14	(7) 11	(14) 12	(7) 10	(14) 14	(7) 15	(14) 13
	(15) 12		(15) 13		(15) 11		(15) 16

MB03

33	34	35	36	37	38	39	40
(1) 10	(8) 16	(1) 10	(8) 10	(1) 10	(8) 11	(1) 11	(8) 16
(2) 11	(9) 13	(2) 12	(9) 11	(2) 11	(9) 13	(2) 10	(9) 12
(3) 13	(10) 15	(3) 11	(10) 13	(3) 10	(10) 12	(3) 13	(10) 17
(4) 14	(11) 15	(4) 14	(11) 10	(4) 12	(11) 14	(4) 15	(11) 15
(5) 16	(12) 13	(5) 11	(12) 11	(5) 12	(12) 10	(5) 16	(12) 11
(6) 11	(13) 14	(6) 12	(13) 12	(6) 13	(13) 15	(6) 13	(13) 16
(7) 14	(14) 16	(7) 14	(14) 11	(7) 11	(14) 13	(7) 15	(14) 11
	(15) 11		(15) 10		(15) 14		(15) 14

MB04

1	2	3	4	5	6	7	8
(1) 10	(8) 11	(1) 14	(8) 13	(1) 11	(8) 15	(1) 14	(8) 15
(2) 10	(9) 12	(2) 12	(9) 17	(2) 10	(9) 11	(2) 14	(9) 15
(3) 10	(10) 13	(3) 13	(10) 13	(3) 14	(10) 14	(3) 14	(10) 15
(4) 12	(11) 13	(4) 12	(11) 12	(4) 15	(11) 13	(4) 13	(11) 14
(5) 12	(12) 14	(5) 16	(12) 14	(5) 13	(12) 11	(5) 10	(12) 11
(6) 11	(13) 15	(6) 15	(13) 15	(6) 12	(13) 16	(6) 11	(13) 10
(7) 11	(14) 14	(7) 11	(14) 16	(7) 17	(14) 12	(7) 12	(14) 11
	(15) 15		(15) 18		(15) 11		(15) 11

9	10	11	12	13	14	15	16
(1) 10	(8) 14	(1) 11	(8) 14	(1) 12	(8) 11	(1) 13	(8) 15
(2) 10	(9) 14	(2) 12	(9) 17	(2) 11	(9) 14	(2) 13	(9) 14
(3) 10	(10) 16	(3) 11	(10) 13	(3) 13	(10) 10	(3) 12	(10) 11
(4) 12	(11) 13	(4) 11	(11) 12	(4) 12	(11) 14	(4) 14	(11) 13
(5) 12	(12) 13	(5) 12	(12) 13	(5) 12	(12) 15	(5) 13	(12) 11
(6) 12	(13) 15	(6) 15	(13) 16	(6) 13	(13) 14	(6) 13	(13) 12
(7) 14	(14) 16	(7) 15	(14) 17	(7) 12	(14) 15	(7) 12	(14) 10
	(15) 16		(15) 16		(15) 14		(15) 11

17	18	19	20	21	22	23	24
(1) 10	(8) 11	(1) 12	(8) 17	(1) 15	(8) 16	(1) 13	(8) 11
(2) 16	(9) 16	(2) 10	(9) 15	(2) 11	(9) 13	(2) 16	(9) 14
(3) 18	(10) 12	(3) 14	(10) 10	(3) 13	(10) 11	(3) 14	(10) 11
(4) 13	(11) 16	(4) 18	(11) 11	(4) 16	(11) 13	(4) 17	(11) 10
(5) 17	(12) 11	(5) 13	(12) 13	(5) 11	(12) 10	(5) 12	(12) 14
(6) 10	(13) 12	(6) 15	(13) 13	(6) 15	(13) 13	(6) 15	(13) 18
(7) 17	(14) 14	(7) 14	(14) 11	(7) 14	(14) 10	(7) 15	(14) 11
	(15) 13		(15) 14		(15) 14		(15) 11

25	26	27	28	29	30	31	32
(1) 10	(8) 11	(1) 12	(8) 13	(1) 10	(8) 10	(1) 11	(8) 10
(2) 10	(9) 11	(2) 12	(9) 13	(2) 12	(9) 12	(2) 13	(9) 12
(3) 10	(10) 11	(3) 12	(10) 13	(3) 14	(10) 11	(3) 11	(10) 10
(4) 12	(11) 11	(4) 12	(11) 13	(4) 12	(11) 13	(4) 13	(11) 12
(5) 12	(12) 11	(5) 12	(12) 13	(5) 14	(12) 15	(5) 15	(12) 14
(6) 12	(13) 11	(6) 12	(13) 13	(6) 16	(13) 13	(6) 17	(13) 16
(7) 12	(14) 11	(7) 12	(14) 11	(7) 18	(14) 15	(7) 16	(14) 13
	(15) 11		(15) 11		(15) 17		(15) 15

33	34	35	36	37	38	39	40
(1) 11	(8) 15	(1) 10	(8) 14	(1) 9, 7, 10	(3) 13, 11, 14	(1) 9, 8, 10, 11, 10, 12, 11, 13	(2) 11, 9, 12, 13, 11, 14, 12, 15
(2) 12	(9) 15	(2) 11	(9) 14	(2) 12, 10, 13	(4) 14, 12, 15		
(3) 10	(10) 11	(3) 14	(10) 15				
(4) 11	(11) 13	(4) 12	(11) 16				
(5) 12	(12) 14	(5) 13	(12) 11				
(6) 13	(13) 12	(6) 14	(13) 10				
(7) 12	(14) 13	(7) 16	(14) 17				
	(15) 15		(15) 18				

1	2	3	4
1) 13	(8) 14	(1) 11	(8) 11
2) 19	(9) 19	(2) 13	(9) 13
3) 17	(10) 18	(3) 12	(10) 14
4) 18	(11) 16	(4) 14	(11) 16
5) 16	(12) 18	(5) 11	(12) 12
6) 18	(13) 17	(6) 10	(13) 11
7) 15	(14) 17	(7) 16	(14) 12
	(15) 18		(15) 18

5	6	7	8
(1) 11	(8) 13	(1) 17	(9) 11
(2) 11	(9) 11	(2) 15	(10) 14
(3) 15	(10) 12	(3) 16	(11) 11
(4) 12	(11) 14	(4) 19	(12) 13
(5) 14	(12) 15	(5) 16	(13) 12
(6) 13	(13) 14	(6) 18	(14) 13
(7) 16	(14) 11	(7) 17	(15) 15
	(15) 17	(8) 19	(16) 17

9	10	11	12

(1)

+	1	2
4	5	6
7	8	9

(2)

+	2	4
3	5	7
5	7	9

(3)

+	3	1
3	6	4
6	9	7

(4)

+	3	5
10	13	15
14	17	19

(5)

+	7	9
3	10	12
5	12	14

(6)

+	6	8
4	10	12
8	14	16

(7)

+	6	7
6	12	13
9	15	16

(8)

+	7	9
5	12	14
8	15	17

(위에서부터)

(1) 2, 4, 1

(2) 3, 7, 6

(3) 6, 8, 7

(4) 2, 3, 4

(위에서부터)

(5) 7, 6, 8

(6) 5, 7, 9

(7) 9, 6, 7

(8) 7, 8, 6

13	14	15	16

(1) 17명

(2) 16개

(3) 15권

(4) 11

(5) 12대

(6) 13장

(1) 12개

(2) 13송이

(3) 11개

(4) 15개

(5) 17마리

(6) 14개